图解 脐橙

整形修剪

陈 杰 ◎ 编著

U0191313

机械工业出版社
CHINA MACHINE PRESS

本书以图解方式，对脐橙整形修剪技术进行了详细的解答。具体内容涵盖脐橙整形修剪的目的、作用、原则、要点及生物学基础，整形修剪常用的工具与操作技术，修剪的时期与方法，幼树的整形及不同年龄树的修剪，大小年及其他类型树的修剪等方面。同时，还介绍了生产中脐橙整形修剪存在的主要问题及对策。全书内容系统、丰富，语言通俗易懂、形象直观，能很好地贴合生产实际。

本书适合广大果农、果树专业技术人员使用，也可供农林院校相关专业的师生阅读参考。

图书在版编目（CIP）数据

图解脐橙整形修剪 / 陈杰编著. —北京：机械工业出版社，2023.3
ISBN 978-7-111-72253-3

Ⅰ.①图⋯　Ⅱ.①陈⋯　Ⅲ.①橙－修剪－图解
Ⅳ.①S666.4-64

中国版本图书馆CIP数据核字（2022）第252745号

机械工业出版社（北京市百万庄大街22号　邮政编码100037）
策划编辑：高　伟　周晓伟　　责任编辑：高　伟　周晓伟　刘　源
责任校对：梁　园　陈　越　　责任印制：常天培
北京宝隆世纪印刷有限公司印刷

2023年2月第1版第1次印刷
169mm×230mm·6.75印张·142千字
标准书号：ISBN 978-7-111-72253-3
定价：59.80元

电话服务　　　　　　　　　　网络服务
客服电话：010-88361066　　机　工　官　网：www.cmpbook.com
　　　　　010-88379833　　机　工　官　博：weibo.com/cmp1952
　　　　　010-68326294　　金　书　网：www.golden-book.com
封底无防伪标均为盗版　　机工教育服务网：www.cmpedu.com

前　言

　　脐橙是我国品质最优、市场竞争力最强的柑橘类果品，脐橙产业已成为柑橘产业的重要组成部分。种植脐橙、发展脐橙产业已成为我国江南丘陵山区农民脱贫致富的首选项目，不仅解决了广大农民的就业问题，而且有力地促进了农村经济的发展。

　　脐橙属于芸香科亚热带果树，是世界各国竞相栽培的柑橘良种。在我国的江西、湖南、广东、福建、四川和湖北等省均有栽植。脐橙营养丰富，含有人体所必需的各类营养物质，如多种维生素、胡萝卜素、矿物质元素及糖等。尤其是江西赣南生产的脐橙，果形美观，色泽鲜艳，果肉细嫩而脆、化渣、多汁、无核，风味浓甜，富有香气，品质最优，深受人们的喜爱，已成为柑橘果品中的佼佼者。

　　在脐橙栽培中，对树体的整形修剪是生产中的一大难题，一直以来困扰着果农朋友。做好脐橙树的整形修剪，改善树体的通风透光条件，生产出优质的果品，提高经济效益，是广大果农朋友极为关注的事情，也是培养脐橙丰产树形，克服大小年，生产优质果品的重要手段，历来为广大果农和相关专业科技工作者所重视。为了适应脐橙生产的要求，作者根据多年从事脐橙栽培生产的经验编写了本书，以便更好地推广普及脐橙优质、高效栽培技术，并总结交流这方面的新成果、新经验，更好地为广大果农服务。

　　本书内容包括脐橙整形修剪的目的、作用、原则、要点及生物学基础，整形修剪常用的工具与操作技术，修剪的时期与方法，幼树的整形及不同年龄树的修剪，大小年及其他类型树的修剪等方面。同时，还介绍了生产中脐橙树整形修剪存在的主要问题及对策。全书内容系统、丰富，语言通俗易懂、形象直观，图文并茂，科学实用，可操作性强，适合广大果农、基层果树技术推广人员使用，也可供农林院校相关专业的师生阅读参考。

　　本书在编写过程中，参阅借鉴了许多专家学者的文献资料，在此一并致以最诚挚的感谢！由于编著者水平和能力所限，书中难免存在不妥之处，恳请广大读者批评指正。

编著者

目　录

第四章　脐橙整形修剪的时期与方法

第五章　脐橙幼树的整形

第六章　不同年龄脐橙树的修剪

第七章　大小年脐橙树的修剪

CHAPTER 01

第一章

脐橙整形修剪
的概念

一、整形修剪的目的

从广义上讲，整形是修剪的一部分，修剪包括修整树形和剪截枝梢两个部分。所谓整形，就是将树体整成理想的形状，使树体的主干、主枝、副主枝等具有明确的主从关系，并且数量适当、分布均匀，从而构成高产稳产的特定树形。从狭义上讲，修剪就是在整形的基础上，为了使树体长期维持高产稳产，而对枝条所进行的剪截整理工作。

对脐橙进行整形修剪，就是要培养理想的脐橙树形，调节好树体生长枝和结果枝的比例，从而达到"高产、稳产、优质、高效"的栽培目的。

二、整形修剪的作用

对于脐橙树来说，如果任其自然生长，势必造成树形紊乱、树冠枝条重叠郁闭、树体通风透光条件差（图1-1）、树势早衰、果实产量和品质不断下降、大小年现象十分明显，甚至造成"栽而无收"的结果。因此，整形修剪是脐橙栽培管理中一项非常重要的技术措施，它具有以下重要作用。

图1-1 未经修剪的成年脐橙树

1）它是以脐橙树的生长发育规律和品种特性为依据，运用合理的整形修剪技术，培育高度适当的主干，配备数量、长度和位置合适的主枝与副主枝等骨干枝，使树体的主干、主枝与副主枝等具有明确的主从关系，形成结构牢固的理想树形（图1-2），能在较长的时期里承担最大的载果量。

2）采取修剪的技术手段，对脐橙树上的各类枝条进行合理的修剪，可以培养丰产的脐

自然圆头形

自然开心形

图1-2 理想树形

橙树（图1-3）。通过修剪，疏除树冠内的过密枝、弱枝和病虫枯枝，去掉郁闭枝，可以改善树体通风透光条件，有利于光合作用进行，从而使脐橙树达到立体结果的目的；可以调节营养枝与结果枝的比例，协调生长与结果的关系，保持树体营养生长与生殖生长的平衡，防止形成大小年现象；可以调节脐橙树体的养分分配，减少非生产性的养分消耗，积累养分，从而改善果实的品质，生产优质的果实（图1-4），提高果实的商品价值；可以及时更新脐橙树的衰老枝组，防止树体早衰，更能恢复树势，使脐橙树保持较长时间的盛果期，延长脐橙树的经济寿命。

图1-3　合理修剪后丰产的脐橙树

图1-4　优质脐橙果实

三、整形修剪的原则

脐橙的整形修剪，必须依据品种特性、树龄大小和结果多少等情况，因树制宜，灵活处理，只有这样才能丰产、优质。按照树龄大小的不同，脐橙树可分为幼树、初结果树、盛果期树和衰老树等多种类型；按照结果多少的不同，脐橙树可分为大年树、小年树和稳产树等几种类型。不同类型的脐橙树，其生理特性不同，修剪方法也不同只有采用适合的修剪方法，才能达到预期的目的。

脐橙树整形修剪的基本原则如下。

①低干矮冠。

②大枝少，小枝多，主枝角度开张。

③树冠层次分明，表面凹凸不平，呈波浪形。

④轻剪保叶。

按照上述的原则对脐橙树进行整形修剪后，树体结构牢固，层次分明，树冠内部光照充足，叶绿层厚，有效体积大，能上下内外立体结果。

四、整形修剪的要点

脐橙整形修剪的操作技术要点如下。

①骨干枝的相互间隔要适宜，主枝、副主枝的数量不宜过多，力求结构牢固，以利于树体通风透光。

②骨干枝要层次分明，侧枝生长要均衡，防止枝组间强弱不均，积极增加结果量。

③要适当疏去树冠外围的大枝，使树冠表面凹凸不平，呈波浪形（图1-5），内膛光照良好，努力增大结果体积。

④使脐橙树保持合理的叶果比，通常以（50~60）：1为好，这样才能有利于脐橙树的生长与结果，避免出现大小年现象。

图1-5　适当疏剪大枝，使树冠表面凹凸不平，呈波浪形

CHAPTER 02

第二章
脐橙整形修剪
的生物学基础

对脐橙树进行整形修剪，必须与其生物学特性相适应。因此，要根据脐橙树的生物学特性，采取相应的方法进行整形修剪。

一、复芽特性

脐橙树的芽是复芽，即在一个叶腋内着生数个芽，但外观上不太明显。其中，最先萌发的芽称为主芽，其后萌发或暂不萌发的芽称为副芽。生产上可利用脐橙树的复芽特性，在萌芽期抹除先萌发的芽（梢），从而促使其抽生更多的新梢或整齐抽梢。这也就是通常所说的抹芽放梢，即当树冠上部、外部或强旺枝顶端零星萌发的嫩梢长出 1~2 厘米时，即可抹除，每隔 3~5 天抹除 1 次，连续抹 3~5 次，当全树大多数末级梢都萌发时，即停止抹芽，使其抽梢（图 2-1）。

抹芽　　　　抹芽后

图 2-1　抹芽放梢

二、顶芽自剪

脐橙树新梢停止生长后，其先端部分会自行枯死脱落，这种现象称为顶芽自剪（自枯）（图 2-2）。顶芽自剪后，梢端的第一腋芽处于顶芽位置代替顶芽生长，称为假顶芽。所以脐橙枝梢没有真正的顶芽（图 2-3），只有腋芽。腋芽又称侧芽，着生于叶腋中，它具备了顶芽的一些特征，如易萌发、长势强、分枝角度小等。此芽萌发使枝梢继续延伸，自剪后的顶芽顶端优势较弱，常使先端几个枝梢长势相同，而呈丛状分枝（图 2-4）。生产上利用顶芽自剪这一特性，可降低植株的分枝高度，培育矮化、丰满的树冠。

图 2-2　顶芽自剪

图2-3　脐橙枝梢的形态

假顶芽

腋芽

潜伏芽

顶芽自剪

图2-4　顶芽自剪后先端抽梢呈丛状分枝

三、芽的潜伏性

　　脐橙树的枝梢和枝干基部都有潜伏芽。潜伏芽又称隐芽，萌发力弱，寿命很长，可在树皮下潜伏数十年不萌发。只要芽未受损伤，潜伏芽就始终保持发芽能力，且一直保持其形成时的年龄和生长势。枝干年龄越老，潜伏芽的生长势越强。在枝干受到损伤、折断或重缩剪等刺激后，潜伏芽即可萌发，抽生具有较强生长势的新梢。脐橙树芽的这种性状称为芽的潜伏性，在生产上可利用这种特性对衰老树或衰弱枝组进行更新复壮修剪（图2-5），使衰老树或衰弱枝组在受到刺激后，萌发新梢，恢复树势（图2-6），提高开花结果的能力。

图2-5　衰老树利用潜伏芽更新复壮

图2-6　衰老树受刺激后，潜伏芽萌发新梢状态

四、芽的早熟性

脐橙树当年生枝梢上的芽，当年就能萌发抽梢，并连续形成二次梢或三次梢（图2-7），脐橙的这种特性称为芽的早熟性，可使脐橙一年抽生2~4次梢。生产上利用脐橙芽的早熟性和一年多次抽梢的特点，在幼树阶段对春梢留5~6片叶、夏梢留6~8片叶后进行摘心（图2-8），可使枝梢老熟，芽体提早成熟、提早萌发，缩短一次梢的生长时间，多抽一次梢，增加末级梢的数量，使幼树尽早成形，扩大树冠，尽早投产。

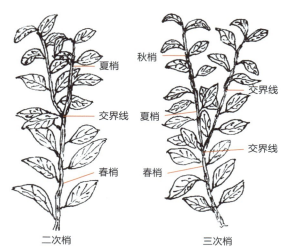

图 2-7　当年抽生的二次梢和三次梢

图 2-8　夏梢留 6~8 片叶后摘心

五、芽的异质性

脐橙树的芽在发育过程中，因枝条内部营养状况和外界环境条件的差异，而出现同一枝条不同部位的芽存在着差异的现象，这种差异称为芽的异质性。如早春温度低，新叶发育不完全，光合作用能力弱，制造的养分少，枝梢生长主要依靠树体上一年积累的养分，这时形成的芽发育不充实，常位于春梢基部，便成为潜伏芽。其后，随着温度上升，叶面积增大，叶片数增多，新叶开始合成营养，使养分不断增加，从而使芽逐渐充实，因此脐橙枝梢中下部的芽较为饱满，而枝梢顶部的芽，由于新梢生长到一定时期后顶芽自剪，腋芽代替顶芽生长，故最后生长的腋芽也较为饱满。生产上利用芽的异质性，通过短截枝梢，可以促发中下部的芽，使脐橙树增加抽梢数量，尽快扩大树冠（图2-9）。

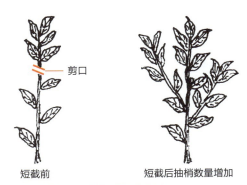

短截前　　　　　　　短截后抽梢数量增加

图 2-9　短截枝梢促使中下部芽抽梢

六、顶端优势

脐橙树萌发抽生新梢时，越是在枝梢先端的芽，萌发生长越旺盛，生长量越大，分枝角度（新梢与着生母枝延长线的夹角）越小，而且呈直立状，其下的芽，依次生长变弱，生长量变小，分枝角度增大，枝条开张。通常枝条基部的芽不会萌发，以至成为潜伏芽。这种顶端枝条直立而健壮，中部枝条斜生而转弱，基部枝条极少抽生而光秃生长的特性，称为顶端优势。

形成顶端优势的主要原因是顶芽中的生长素对下面的腋芽有抑制作用，同时，顶芽营养条件好，处于枝条生长的极性位置，能优先利用树体的养分。脐橙树顶端优势的特性，一方面使顶部的强壮枝梢向外延伸生长，扩大树冠，枝叶茂盛，开花结果；另一方面会使中部的衰弱枝梢逐渐郁闭，衰退死亡，并使枝条光秃，无效体积增加，造成内膛空虚，生产能力下降。在生产上可利用脐橙树枝梢顶端优势的特性，在整形时将长枝摘心或短截，使其剪口处的芽成为新的顶芽。新顶芽仍具有顶端优势，虽不及原来的顶端优势旺盛，但它中下部甚至基部芽抽生后，缩短了枝条光秃部位，使树体变得比原来紧凑，无效体积变小，从而能逐步实现脐橙树的立体结果和增产。

枝条生长姿态不同，其生长势和生长量也不同（图 2-10）。一般直立枝生长最旺，斜生枝次之，水平枝再次之，下垂枝最弱，这就是通常所说的垂直优势。其主要原因是养分向上

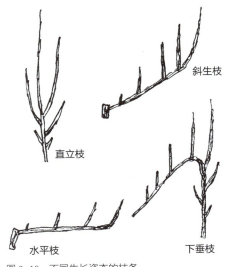

斜生枝

直立枝

水平枝

下垂枝

图 2-10　不同生长姿态的枝条

运输，直立枝养分流转多。这种现象也属于脐橙树的顶端优势。幼树整形时，常利用这一特性来调节枝梢的生长势，抑强扶弱，平衡各主枝的生长势。

七、树体结构

根据脐橙树的生长特性，选择合适的树形，经过整形修剪，即可形成由主干、骨干枝（包括中心主干、主枝、副主枝、侧枝）和小枝组三部分组成的树体结构（图 2-11），从而培养出结构牢固的特定树形，并能在较长的时期里承担最大的载果量。

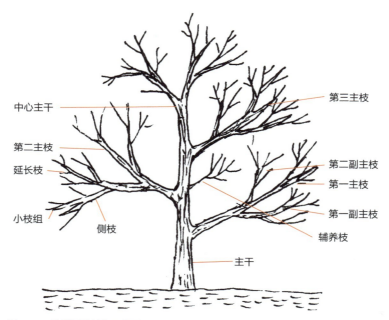

图 2-11　脐橙树体结构示意图

1. 主干

自地面根颈以上到第一主枝分枝点的部分，称为主干，其主要作用是支撑树冠，同时也是根系和树冠之间物质交流的必经之路。主干的高度称为干高，主干矮，树冠形成快，结果早；主干高，树冠易高大，结果迟。通常将主干上第一主枝分枝点以下的萌芽抹除，保持主干高度为 30~40 厘米（图 2-12）。没有健壮的主干，就不能保证营养物质的上下交流，因而难以形成丰产稳产的树冠。可见主干的高矮、健壮与否，对脐橙树是否高产、稳产和优质至关重要。

图 2-12　主干高度

2. 骨干枝

骨干枝是构成树冠的主要大枝部分，由中心主干、主枝、副主枝和侧枝组成。

（1）**中心主干**　主干以上逐年培育的向上直立生长，并延长成为树冠中轴，以支持树冠向空间立体发展的中心大枝，称为中心主干。脐橙树枝梢顶芽自剪脱落后，中心主干则由腋芽代替顶芽生长，没有明显的中心主干，总是呈弯曲状态生长。

（2）**主枝**　在脐橙树中心主干上选配的大枝，从下而上依次排列，分别称为第一主枝、第二主枝和第三主枝等（图2-13），这是形成脐橙树树冠的主要骨架枝。选配脐橙树的主枝，数量不宜过多，以免影响树冠内部及下部的光照条件。脐橙树的主枝数量，通常以3个为好。由于脐橙枝梢顶芽生长有自剪现象，使主枝延长枝呈波浪状延伸（图2-14）。

（3）**副主枝**　在主枝上选配的大枝，每个主枝上配置2~3个副主枝，从下而上依次排列，分别称为第一副主枝、第二副主枝……为使副主枝在树冠各部分布均匀，第一副主枝应距中心主干30厘米，第二副主枝距第一副主枝30~40厘米，并与第一副主枝方向相反，以利于枝梢生长，从而均衡生长势（图2-15）。副主枝也是构成树冠的骨架枝。

图2-13　主枝分布

图2-14　主枝延长枝呈波浪状

图2-15　副主枝分布

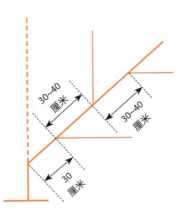

（4）**侧枝**　在脐橙树上，直接着生在主枝、副主枝上的大枝，称为侧枝（图2-16）。侧枝起着支撑枝组、叶片、花和果的作用，并形成树冠绿叶层的骨架枝。

中心主干、主枝与副主枝先端的1年生枝，用以扩大树冠，均称为延长枝。

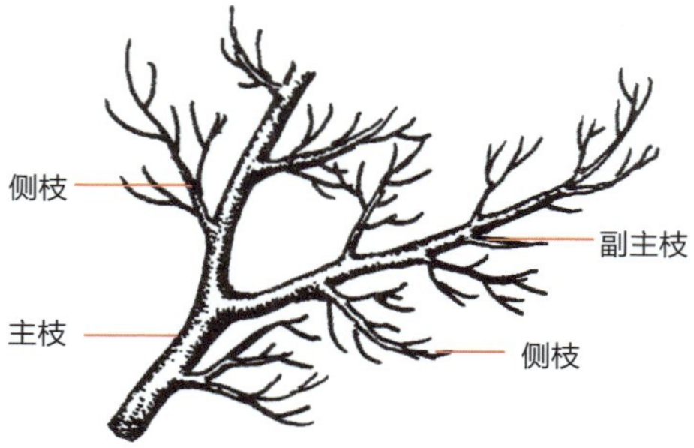

3. 小枝组

小枝组是着生在侧枝上的各级小枝组成的枝组，又称枝序、枝群，是树冠绿叶层的组成部分，分为营养枝与结果枝（图2-17）。根据枝组着生位置的不同，可分为两侧枝组、背上枝组和背下枝组3种。背下枝组生长势缓和，容易形成花芽；两侧枝组生长健壮，容易更新复壮，寿命长；背上枝组生长势最旺（图2-18）。

图2-16　主枝、副主枝上着生的侧枝

图2-17　营养枝与结果枝

营养枝　结果枝

图2-18　小枝组着生的位置
1—背上枝组　2—背下枝组　3—两侧枝组　4—骨干枝轴

八、枝梢生长与根系生长

脐橙树地下部的根系，与地上部的枝叶关系十分密切。主根（垂直根）（图2-19）强壮，则中心主干直立，生长旺盛，树冠扩大也快。这就是通常所说的根深叶茂。反之，则脐橙树冠枝叶生长不旺，还会削弱根系生长。地下部与地上部的关系，也就是根与冠的关系，常用根冠比（根／冠）来表示。根冠比一般是指根系与地上部的鲜重

图2-19　根系结构

之比。脐橙幼树的树冠生长量小于其根系生长量。当根冠比大时，根系供应地上部的水分、养分和内源激素均充足，地上部枝梢生长旺盛，不开花或开花很少，树冠处于离心生长期。

当脐橙树的根系基本形成后，树体生长发育逐渐缓和，进而根系生长与地上部生长达到动态平衡，地上部进入开花结果阶段。当根系生长受阻，地上部生长超过根系生长时，便会出现地上部得不到充足的水分、养分和内源激素的现象，从而使枝梢生长变弱，开花过量，导致树势变弱。此时的植株已进入向心生长期。生产上可采取摘心、疏剪、缩剪或短截骨干枝等措施，调节根冠比，使其达到相对平衡，以延长盛果期和树体的经济寿命。

九、营养生长与生殖生长

在年周期中，营养生长与生殖生长的矛盾常常表现为：花量过大时，春梢抽生少而弱；夏梢大量抽生时，则造成成年脐橙树落果严重；大年树坐果过多时，又影响秋梢的抽生与花芽分化。

在生产上，早春可短截部分结果母枝，减少花量，促其多抽梢；对成年脐橙树，及时抹除夏梢，控制营养生长，可减少落果；对大年树，可短截部分结果母枝、衰弱枝组和落花落果枝组，促使它们抽生大量的秋梢（图 2-20）。这些措施都可以缓和营养生长与生殖生长的矛盾。

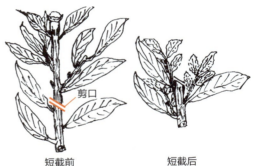

短截前　　　　　短截后

图 2-20　短截落花落果枝后抽梢状态

十、整体性与相对独立性

脐橙的整个树体，既具有树冠结果的整体性，又具有枝组结果的相对独立性。假如某些枝组和侧枝，甚至主枝上挂果减少，树冠其他部位的坐果率就会相应提高，这就是树体结果的整体性。另一方面，脐橙树的主枝、副主枝和侧枝，可以轮换结果，即为枝组结果的相对独立性。整体性与相对独立性的有机结合，是脐橙树结果的重要特性。

利用脐橙树的这种特性，可在适度范围内，于冬季或早春，疏剪或短截 1 年生枝、小枝组和侧枝，甚至副主枝。这样做，虽然疏除了部分花和结果部位，但保留的枝梢却因坐果率提高，而弥补了去除部分果实后所造成的产量损失。

十一、分枝角度与分枝级数

脐橙树的分枝角，是指枝梢与地面垂直线之间的夹角（图 2-21）。分枝角度对脐橙树的生长发育和树势强弱具有重要作用。分枝角度越小，枝梢越直立，生长势越强，顶端优势越明显；分枝角度越大，生长势越弱。因此，在脐橙树上，直立枝生长势最强；斜生枝具有一定的生长优势，枝条生长较强；水平枝的分枝角度接近90度，其生长势中等；下垂枝条生长势转弱，容易衰退。

由此可见，随着分枝角度的加大，枝梢营养生长转弱，有利于花芽分化和结果。生产上进行幼树整形时，可采用拉枝技术（图2-22），将直立性主枝拉成斜生姿态，加大主枝与中心主干的夹角，即可削弱主枝生长势，使主枝牢固，负重力增加；相反，主枝斜生或下倾，树体生长势过弱，也可将中心主干的延长枝扶直，以加强其生长势。

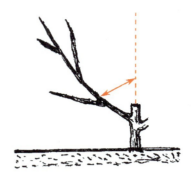

图2-21 分枝角

脐橙幼树较成年树生长旺盛，表现出枝梢长、叶片大、节间长，甚至有徒长现象。衰老树则树势衰弱、枝梢短、叶片小、节间密。从幼苗期到衰老树的过程，都是通过树冠枝梢不断分生新梢而完成的。分枝的级数划分方法是，常将主干和中心主干定为零级，将主枝定为一级，以后每增加一次分枝，分枝级数就提高一级。随着分枝级数的增加，新梢的生长势逐渐减弱。分枝级数低的枝条上抽生的新梢，比分枝级数高的枝条所抽生的新梢生长势更旺盛。

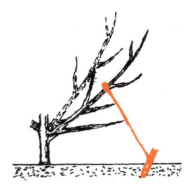

图2-22 拉枝

修剪中运用摘心和短截，使幼树加快分枝，增加分枝级数，缓和枝梢生长势，提早开花结果。通过短截或缩剪，减少衰老树的分枝级数，以增强脐橙树的生长势，从而起到更新复壮的作用。

十二、生长枝与结果母枝、结果枝

根据枝梢性质的不同，可将枝梢分为生长枝、结果母枝和结果枝（图2-23）。

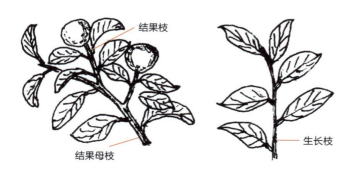

结果枝

结果母枝

生长枝　图2-23 生长枝、结果母枝和结果枝

1. 生长枝

当年不开花结果，或其上不形成混合芽的枝梢，都称为生长枝。根据生长枝生长势强弱的不同，可将其分为普通生长枝、徒长枝和纤细枝（图2-24）。

（1）**普通生长枝**　普通生长枝的长度为15~30厘米，枝梢充实，先端芽饱满，是构成幼树树冠的主要枝梢，也可培育成结果基枝，是幼树生长不可缺少的枝条。普通生长枝在幼树上多，在成年树上则较少。

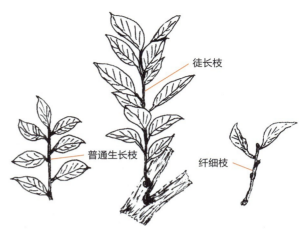

图2-24　普通生长枝、徒长枝和纤细枝

（2）**徒长枝**　徒长枝是生长最旺盛的枝梢，长度为30厘米以上，常由树干的潜伏芽抽生而成。徒长枝虽然粗长，但组织不充实、节间长、叶片大而薄、叶色浅，枝条的横断面呈三棱形，有刺。除幼树可将徒长枝作为骨干枝，或成年树遭受各种灾害使骨干枝损坏，以及衰老树枝条更新复壮时，其附近潜伏芽所抽生的徒长枝可加以利用外，其余的徒长枝一般都被视为无用枝，应将其自基部去除。

（3）**纤细枝**　纤细枝多发生在树势衰弱植株的内膛及中下部光照差的部位。通常枝条纤细而短，叶片小而少，若任其生长，往往会自行枯死。对于纤细枝，应将其从基部去除或进行改造。可以通过短截，改善枝条的光照条件，补充营养，可使其转弱为强，培养成结果枝组。

2. 结果母枝

能抽生花枝的脐橙树基枝，称为成花母枝。成花母枝上的花能正常坐果的枝条，称为结果母枝。换句话说，结果母枝是指当年形成的枝梢，其顶芽及附近数芽为混合芽，第二年春季其混合芽抽梢发叶、开花结果的枝条。结果母枝一般生长粗壮，节间较短，叶片大小中等、质厚而色深，上下部叶片大小比较一致（图2-25）。

脐橙树的春梢、夏梢、秋梢一次梢（图2-26），春夏梢、春秋梢和夏秋梢等二次梢，强壮的春夏秋三

图2-25　结果母枝

次梢，都可成为结果母枝。脐橙幼树以秋梢作为主要结果母枝（图2-27）。随着树龄的增长，成年脐橙树以春梢作为主要结果母枝。春梢母枝，以5~15厘米为结果母枝最佳长度；秋梢母枝，以10~15厘米为适宜长度；过长的枝梢反而不易形成结果母枝。在粗度上，以直径为0.4厘米左右的结果母枝坐果较稳。通过修剪，可以减少脐橙树结果母枝的数量，减少结果枝，促发营养枝，从而调节生长与结果的关系。

图2-26　春梢、夏梢、秋梢一次梢

图2-27　秋梢母枝结果状态

3. 结果枝

当年开花结果或其上形成混合芽的枝梢，都称为结果枝。结果枝由结果母枝顶端一芽或附近数芽萌发而成。根据结果枝上叶片的有无，可将其分为有叶结果枝和无叶结果枝。

（1）有叶结果枝　有叶结果枝的花和叶俱全，多发生在强壮的结果母枝上部，长1~10厘米。其花着生在顶端或叶腋，当年结果以后，第二年又能抽生营养枝。通常分为有叶顶单花枝（图2-28）、有叶腋生花枝（图2-29）和有叶花序枝（图2-30）。

图2-28　有叶顶单花枝

图2-29　有叶腋生花枝

图2-30　有叶花序枝

（2）无叶结果枝　无叶结果枝有花无叶，多发生在瘦弱的结果母枝上。它退化短缩，略具叶痕，当年花果脱落后，则多枯死。通常分为无叶花序枝和无叶顶单花枝（图2-31）。

有叶结果枝的坐果率高于无叶结果枝的坐果率。通过短截、缩剪部分结果母枝、衰弱枝组和落花落果枝组，可减少非生产性消耗，促发健壮的营养枝，增加有叶花枝，减少无叶花枝，提高坐果率。

图2-31　无叶花序枝（左）和无叶顶单花枝（右）

十三、成花部位向顶梢转移

脐橙树母枝上的春梢抽生后，不再萌发夏梢或秋梢，则此春梢能分化花芽，抽出花枝结果（图2-32）。当脐橙树春梢上抽生夏梢或秋梢，成为春夏梢或春秋梢二次梢后，则成花部位转向顶部的夏梢或秋梢段上。第二年春季，春梢段不再开花，也很少抽生新梢。当夏梢段上又抽生秋梢而形成三次梢后，则此春梢段在第二年春季不再萌发新梢，夏梢段也不再进行花芽分化，但可抽生少量营养枝。其成花部位转移到顶部秋梢段。若冬季修剪脐橙树时剪去顶部的秋段枝梢或夏段枝梢后，则留下的春梢段或春夏梢段第二年也不再抽生花枝，只能抽生较强壮的春梢营养枝（图2-33）。

生产上利用这种特性，修剪时可短截枝梢顶部夏段和秋段，能减少花量，增加健壮营养枝的数量，调节树体营养生长与生殖生长的平衡。

图2-32　脐橙树春梢结果枝结果状态

图2-33　成花部位向顶部转移状态
1— 母枝　2— 春梢（段）　3— 夏梢（段）　4— 秋梢（段）
5— 第二年春梢和花枝

十四、叶龄与绿叶层厚薄

要使脐橙树高产、稳产和优质，就应对树体进行合理的整形修剪，并结合其他栽培管理措施，使树体有最大的有效叶面积，减少无效消耗，并使非生产性消耗降到最低，同时使树冠内膛通风透光，叶片分布匀称，受光良好，合成的营养物质多。幼叶进行光合作用的能力差。随着其叶色转绿，叶片合成养分的能力迅速提高。修剪脐橙树时，应尽可能多地保留老叶，从而使合成养分增多。特别是幼树，剪除太多的叶片，会严重抑制树体的营养生长。

脐橙树绿叶层的厚薄，与树冠内部的光照强弱有关。绿叶层厚度多为 1~1.5 米。如果树冠顶部的光照强度以 100% 计算，则树冠内部光照强度低于 20% 时，就很少再抽生新的叶片，从而成为无效区，非生产性消耗大。经过合理的整形修剪，改善内膛光照条件，减少非生产性消耗，可促使内膛抽生枝叶，加厚绿叶层，增加结果体积，达到立体结果（图 2-34），提高产量。

图 2-34　立体结果的丰产脐橙

十五、物候期与生物学年龄期

1. 物候期

一年中随四季变化，脐橙树具有相应的形态和生理机能的变化，有节奏地进行一系列的生命活动，并呈现一定的生长发育的规律性，如萌芽、抽梢、展叶、开花、结果、果实成熟和花芽分化等，称为年周期变化。这种一年中随季节变化而按一定顺序进行的内部生理和外部形态的规律性变化，称为脐橙树的物候期。脐橙树的物候期分为发芽期、枝梢生长期、花期、果实生长发育期、果实成熟期、根系生长期和花芽分化期。物候期因栽培地区的气候、年份，以及品种和栽培技术的不同而有差异。同一地区不同品种、同一品种不同地区、同一品种不同年份，其物候期也有所差异。

（1）发芽期　芽体膨大伸出苞片时，称为发芽期。脐橙树发芽期的有效温度为12.5℃。脐橙发芽期的迟早与气候、品种（品系）和当年早春气温回升状况有关。如江西赣南的纽荷尔脐橙发芽期是 2 月上中旬，而湖北宜昌的华盛顿脐橙发芽期是 3 月中下旬。

（2）枝梢生长期　脐橙树1年可抽生 3~4 次梢。按季节可分春梢、夏梢、秋梢、冬梢。春梢是指立春后至立夏前抽生的枝梢，春梢的节间短、叶片较小、先端尖，但抽生整齐；夏梢是指立夏至立秋前抽生的枝梢，夏梢长而粗壮、叶片较大、枝条不充实、呈三棱形；秋梢是指立秋至立冬前抽生的枝梢，秋梢生长势比春梢强，比夏梢弱，枝条呈三棱形、叶片大小介于春梢和夏梢之间。枝梢按 1 年中能否继续抽生分为一次梢、二次梢和三次梢等。一次梢是 1 年只抽生 1 次的梢，如春梢、夏梢、秋梢；二次梢是指当年春梢上再抽夏梢或秋梢，或在夏梢上再抽秋梢；三次梢是春梢上再抽夏梢、秋梢。

（3）**花期**　脐橙树花期可分为现蕾期、开花期。从发芽能辨认出花芽起，花蕾由浅绿色转为白色至花初开前称为现蕾期，如江西赣南的脐橙在 2 月下旬 ~3 月上旬现蕾。花瓣开放，能见雌、雄蕊时称为开花期，如江西赣南的脐橙在 4 月上中旬开花。开花期又按开花的量分为初花期、盛花期和谢花期。一般全树有 5% 的花量开放时称初花期，25%~75% 开放时称盛花期，95% 以上花瓣脱落称谢花期。江西赣南的脐橙初花期为 3 月下旬，盛花期为 4 月中旬，谢花期为 4 月底 ~5 月初。由于天气变化，个别年份会提前或推迟 5~7 天。

（4）**果实生长发育期**　从谢花后 10~15 天、子房开始膨大开始，由幼果发育到果实成熟前的时期称为果实生长发育期。果实生长发育前期有 2 次果实的生理落果。第一次生理落果在果柄基部断离，幼果带果柄脱落；第一次生理落果结束后 10~20 天为第二次生理落果，即在子房和蜜盘连接处断离，幼果不带果柄脱落。江西赣南的脐橙 4 月下旬进入第一次生理落果，5 月上中旬开始第二次生理落果，6 月底第二次生理落果结束。7~9 月为果实膨大期。

（5）**果实成熟期**　脐橙果实从果皮开始转色直到最后达到该品种（品系）固有特性（如色泽、果汁、风味等）的时期称为果实成熟期。脐橙在不同地区成熟期也不一样。江西赣南的脐橙 10 月中旬开始转黄，11 月上旬 ~12 月上旬果实成熟。

（6）**根系生长期**　从春季开始生长新根，到秋、冬季新根停止生长的时期称为根系生长期。根系在 1 年中有 3~4 次生长高峰。脐橙树体受营养分配上的生理平衡影响，根系生长多开始于各次梢自剪后，与枝梢的生长交替进行。江西赣南的脐橙的根系第一次生长高峰出现在春梢老熟后的 5 月，生长量不大；第二次高峰在夏梢老熟后的 7~8 月，也是全年最大的一次生长高峰；第三次则在秋梢老熟后的 9 月下旬 ~11 月下旬，生长量与第一次相似。

（7）**花芽分化期**　从能通过解剖识别叶芽转变为花芽起，直到花器官分化完全为止的这段时期称为花芽分化期。脐橙树花芽分化期通常从 9 月 ~ 第二年 3 月。花芽分化又分为生理分化期和形态分化期两个时期。生理分化期在形态分化之前，即 9~10 月，是调控花芽分化的关键时期；芽内生长点由尖变圆时，即为花芽形态分化开始，到雌蕊形成，花芽分化结束。脐橙树花芽的形态分化期通常从 11 月开始，至第二年 3 月结束，历时约 4 个月。形态分化初期在 11 月 ~ 第二年 1 月；萼片形成期在 1 月上旬 ~2 月中旬；花瓣形成期在 2 月中旬 ~3 月初；雄蕊形成期在 3 月初 ~3 月中旬；雌蕊形成期在 3 月中旬。拉枝、扭枝等均对花芽分化有利，冬季适当的干旱和低温也有利于花芽分化，光照对花芽分化具有重要的作用。生产上还可通过控水促进花芽分化。

2. 生物学年龄期

根据脐橙树生长发育的特性，通常可将其生命周期分为4个生物学年龄期，即营养生长期、生长结果期、盛果期和衰老更新期。了解脐橙树各个生物学年龄时期的特点及其差异，有利于正确采取整形修剪技术，以利于达到提早结果、延长盛果期、推迟衰老更新期，最终达到提高经济效益的目的。

（1）**营养生长期** 脐橙实生树的营养生长期是指从种子开始萌发到第一次开花结果前这一段生长时期。而对于脐橙嫁接树，从接芽发芽到首次开花结果前的时期称为营养生长期。这一时期的特点是：树体离心生长，根系和树冠迅速扩大，开始形成树冠骨架，萌芽早，停止生长晚，枝梢生长直立，生长势强，且树体向高生长比横向生长快，新梢生长量大，枝长节稀。

（2）**生长结果期** 脐橙树从开始结果至大量结果前的这一时期称为生长结果期。这一时期的特点是：树体既生长又结果，从营养生长占优势慢慢转向营养生长和生殖生长趋于平衡的过渡阶段，表现为发梢的次数多、生长旺，管理不善易形成徒长枝；骨干枝继续形成，树体离心生长由强变弱，后期骨干枝停止生长；结果枝逐渐增多，结果量由少到多，结果部位最初由中下部逐步向全面结果发展；树冠、根系都迅速扩大，树冠内部大量增加侧枝，骨干根大量增加侧根，以后根系离心生长缓慢，枝条开张角度增大，长度变短，充实健壮。

（3）**盛果期** 脐橙树大量结果的时期称为盛果期。这一时期的特点是：树体以结果为主，树冠和根系的离心生长趋向停止，树冠扩大至最大，骨干枝生长缓慢，小侧枝大量抽生，大量开花结果，产量达到最高峰。在盛果期，树冠内膛抽生的小侧枝不断交替发生，早先抽生的出现枯死，树冠绿叶层逐渐向外移，且在树冠上下、内外或各小枝组之间出现交替结果的现象。

盛果期是营养生长与生殖生长相对平衡的时期，这一相对平衡时期越长，盛果期也越长。但这一时期结果量大，树体营养物质积累和消耗的矛盾也大，若不注意调节营养生长与生殖生长的平衡，会出现产量下降，甚至形成大小年。

（4）**衰老更新期** 脐橙树经过盛果期大量结果后，产量明显下降，骨干枝先端开始干枯，树体即已进入衰老更新期。衰老更新期经几次更新，树体会死亡。这一时期的特点是：产量开始下降，果实变小，骨干枝先端枯死，小侧枝大量死亡，枝梢抽生次数少，通常仅抽生1次春梢，极易大量落花、落果，出现大小年现象。随着营养生长的衰弱和树冠中下部及内部枝条的枯萎，绿叶层变薄，有效结果体积减小，分枝级数越来越高，生长势越来越弱，使春梢也易衰枯。故常在下部发生徒长枝而获得更新，经数年形成新的侧枝组而结果。

CHAPTER 03

第三章

脐橙整形修剪
常用的工具与
操作技术

一、整形修剪常用的工具

整形修剪常用的工具见图 3-1。

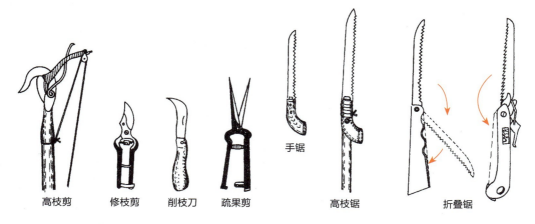

高枝剪　　修枝剪　　削枝刀　　疏果剪　　　手锯　　　　　高枝锯　　　　折叠锯

图 3-1　修剪工具

1. 高枝剪

这是用来剪截树冠高处小枝的工具。这种剪刀安装在一根竹竿顶端，竹竿的长度为 3~4 米，通常根据所在果园脐橙的树高而定，要求竹竿两端粗细相近、质韧而轻，在剪托的小环上系上一根尼龙绳即可，用时手拉动尼龙绳，就可将枝条剪下。

2. 修枝剪（整枝剪、弹簧剪）

这是用来剪截 1~2 年生小枝条的工具。这种剪刀要求剪刃锋利、钢口软硬适度，过软不耐用，易卷口，过硬易缺口甚至断裂。弹簧也要松紧适度，否则使用时间稍长，手掌易酸痛甚至红肿。弹簧的长度以剪刀完全张开时剪刀弹簧不脱落为度。此外，要求剪刀轻便灵活，造型美观。

3. 削枝刀

这是用来削平锯口或大剪口的工具。削枝刀的刀刃最好稍有弯曲，以便于削平圆形锯口。尤其是较大的锯因锯齿粗，锯口极毛糙，不易愈合，一定要削平并保护；如果没有削枝刀，也可以用锋利的切接刀和修枝剪来代替，以削平大剪口和锯口。

4. 疏果剪

这是用来疏果的工具。这种剪刀要求剪刃锋利，弹簧的长度以剪刀完全张开时剪刀弹簧不脱落为度。剪刀还应轻便灵活，造型美观。

5. 手锯、高枝锯、折叠锯

这些都是用来截除大枝的工具。它们的锯齿要锋利，使用前要用扁锉刀将锯齿锉利。齿尖最好呈长三角形，这样锯出的锯口平整且边缘光滑，伤口不用刀削也易愈合；若锯齿较开张，使用时虽省功且快，但锯口多粗糙，不削光滑则难以愈合。

6. 梯子

这是用来修剪果树高处枝条登高用的工具。要求轻便灵活，高度随树冠的高低而升降，一般高 2~3 米，多为木、竹及合金钢制成。有两条腿的单面梯，用时倚靠在树上，并带有一根长绳，一端系在梯子中上部，另一端系于树冠的骨干枝上，有的绳子的一端有一个铁钩，钩牢树冠内的大枝，人从梯子内侧上梯，使梯子的绳子紧紧拉住大枝；也有 3 条腿的单面梯，在单面梯另一面加一条腿；还有 4 条腿的双面梯，立地平稳，两面均可以上人（图 3-2）。

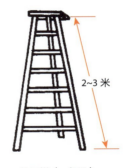

双面梯（4 条腿）　　单面梯（3 条腿）

图 3-2　梯子

二、整形修剪常用的操作技术

1. 枝条的剪截

在剪截 1 年生枝时，要注意剪口芽生长的方向、剪口与芽的距离和剪口的方向（图 3-3）。操作时，应从枝条芽的对面下剪刀，使剪口成 45 度角的斜面，剪口上方和芽尖相距约 0.5 厘米，这样剪口小，容易愈合，而剪口芽以后也能生长良好。在苗木芽接剪砧和幼树整形时，尤其对骨干枝及中央主干的延长枝培养时，剪口芽尤为重要，剪口芽处的枝条剪面过高、过低、过平、过斜及方向不对都会影响以后的生长。

在剪除 2~3 年生较大枝条时，应是一手握剪，另一手把枝条向剪刀切下的方向轻推，

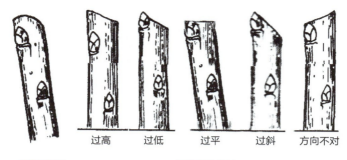

合理的剪法　　　　不合理的剪法

过高　过低　　过平　过斜　方向不对

图 3-3　剪口的留法

两手同时用力；一手剪截，一手外推，枝条便迎刃而剪下。当然在剪截时，首先要看枝条粗细，该用剪的用剪刀剪，对于粗大不能用剪刀剪的枝条，应该用锯锯除。

2. 大枝的锯除

在锯除大枝时，应先从大枝的下侧锯起，深入 1/4 左右。因为从上侧向下锯，虽然操作方便，但锯到一半时，易因枝条的自身重量下压而造成劈裂，导致锯口不平，皮干撕裂。所以最好两人合作，一人锯，一人扶，配合好，以防劈裂或撕裂。如果一人进行，可以分两次锯，先锯掉绝大部分大枝，留一长段残桩，然后再锯去残桩（图 3-4）。

锯口是否适宜，直接影响到锯口的愈合，一般的标准是锯口上方要紧贴原来的基枝，下方在基枝上高出 1~2 厘米，这样伤口较小。如果全部紧贴基枝，侧伤口大且不易愈合，影响树势；如果锯口留桩过高，树势弱的常因失水而造成干桩，阻碍伤口愈合，容易感染病害，而树势强的又可能在锯口抽出很多生长枝（图 3-5）。

3. 伤口的保护及消毒

对锯枝后的大伤口应加以保护，以防病虫为害和日晒雨淋导致的霉烂，并防止其影响附近骨干枝及全树。常用保护剂简介如下。

（1）接蜡　这是一种常用的保护剂。配制方法：材料为松香 2.5 千克、蜂蜡 1.5 千克、动物油 0.5 千克。制作时，先将动物油放入锅中，用温火加热，待油化开后，再将松香、蜂蜡放入，并不断搅动至全部熔化为止，然后熄火，稍冷却即成。使用前用火熔化，然后可用毛刷蘸着蜡液，涂抹伤口。因为动物油、松香等均极易燃烧着火，在熬制过程中要注意防火，用温火、小火。

（2）豆油铜素剂　这是一种较好的保护剂。配制方法：材料为豆油 1 千克、硫酸铜 1 千克、熟石灰 1 千克。制作时，先将硫酸铜和熟石灰磨成细粉，然后将豆油倒入锅中，充分

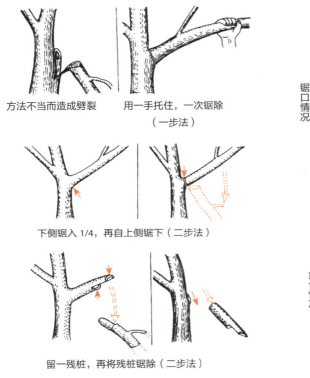

方法不当而造成劈裂　　　用一手托住，一次锯除
　　　　　　　　　　　　　（一步法）

下侧锯入 1/4，再自上侧锯下（二步法）

留一残桩，再将残桩锯除（二步法）

图 3-4　大枝的锯除

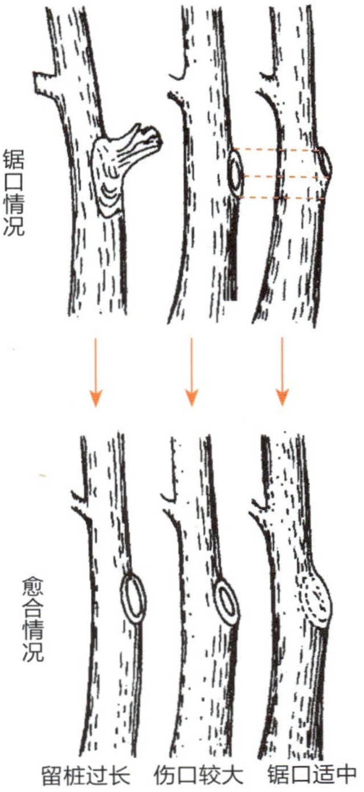

锯口情况

愈合情况

留桩过长　伤口较大　锯口适中

图 3-5　锯大枝的锯口留法

搅拌，熬开，冷却后便可使用。

（3）牛粪石灰浆　这是一种经济有效的保护剂。配制方法：材料为新鲜牛粪 16 份、熟石灰 8 份、草木灰 8 份、细河砂 1 份、加水适量。制作时，先将它们按所需的份额加水调成糊状，使用时可用刷子把灰浆涂在伤口上。

（4）消毒剂　锯除大枝后的伤口容易感染病虫害，必须使用杀菌剂进行消毒。常用的杀菌剂有 3%~5% 硫酸铜液、波尔多液、0.1% 升汞水。

对直径超过 2 厘米的锯枝大伤口，都要用削枝刀将其削平，再涂以 3%~5% 硫酸铜液，然后涂以各种保护剂。也可使用波尔多液进行消毒，可先将 1 份硫酸铜、2 份生石灰、加水适量配成波尔多液，再加入熟棉籽油或其他植物油 5~10 份，边加边搅成蓝色油漆状。

用修枝剪及手锯剪截或锯除带病枝条后，应立即用 0.1% 升汞水消毒工具，然后才能剪其他无病虫枝条。

4. 辅助用具

在整形修剪过程中，为了开张和调整主枝角度及方位，常常使用木棍支柱、木桩及绳索进行撑、拉、吊、塞等。在幼树整形时，拉开主枝角度和调整主枝方位，除用支柱顶开外，也可打木桩于地下，用铁丝或绳子将其拉开，再栓于木桩上。也可以就地取材，即用树上锯下的枝条，将其两头剪成丫字形，用来支撑其他枝条（图3-6）。

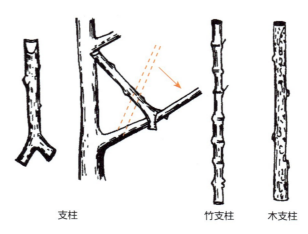

支柱　　　　　　　　　　竹支柱　　木支柱

图3-6　各种支柱

CHAPTER 04

第四章

脐橙整形修剪
的时期与方法

一、整形修剪的时期

脐橙树在不同的季节会抽生不同类型的枝梢。根据修剪目的和修剪时期的不同，可分为休眠期修剪和生长期修剪。

1. 休眠期修剪

从采果后到春季萌芽前，对脐橙树进行的修剪叫休眠期修剪，也叫冬季修剪。脐橙树无绝对的休眠期，只有相对休眠期，处于相对休眠状态的脐橙树生理活动减弱，此时对其进行修剪，养分损失较少。在冬季无冻害的脐橙产区，采果后对脐橙树修剪越早，伤口愈合越快，效果也越好。在冬季有冻害的脐橙产区，可在春季气温回升转暖后至春芽萌发前，对脐橙树进行修剪。

对脐橙树进行冬季修剪，可调节树体养分分配，复壮树体，恢复树势，协调生长与结果的关系，使第二年抽生的春梢生长健壮，花器发育充实，提高坐果率。需要更新复壮的衰老树、弱树或重剪促梢的树，也可在春芽萌发时缩剪。重剪后，脐橙树体养分供应集中，新梢抽发多而健壮，树冠恢复快，更新效果好。

2. 生长期修剪

生长期修剪，指春梢抽生后至采果前进行的各种修剪。通常分为春季修剪、夏季修剪和秋季修剪3种。在生长期，脐橙树生长旺盛，生理活动活跃，对修剪反应快，剪后生长量大。因此，生长期修剪对衰老树、弱树的更新复壮和抽发新梢，具有良好的作用。

生长期修剪，还可调节树体养分分配，缓和生长与结果的矛盾，提高坐果率。对于促进结果母枝的生长和花芽分化，延长丰产年限、克服大小年现象等方面，具有明显的效果。

（1）**春季修剪**　春季修剪也称花前复剪，即在脐橙树萌芽后至开花前所进行的修剪，是对冬季修剪的补充。其目的是调节春梢、花蕾和幼果的数量比例，防止因春梢抽生过旺而加剧落花落果。它包括：对现蕾、开花结果过多的树，疏剪成花母枝，剪除部分生长过弱的结果枝，疏除过多的花朵和幼果，可减少养分消耗，达到保果的目的；在春芽萌发期，及时疏除树冠上部的并生芽及直立芽，多留斜生向外的芽，减少一定数量的嫩梢，这对于提高坐果率具有明显的效果。

（2）**夏季修剪**　夏季修剪是指在脐橙树春梢停止生长后到秋梢抽生前（即5~7月），对树冠枝梢进行的修剪，简称为夏剪。它包括：对幼树抹芽放梢，培育骨干枝，并结合进行摘心，一般在春梢长出5~6片叶、夏梢长出6~8片叶时摘心，以促使枝条粗壮，芽眼充实，培育多而健壮的基枝，达到扩大树冠的目的；对成年结果树进行抹芽控梢，抹除早期夏梢，缓和生长与结果的矛盾，避免它与幼果争夺养分，可减轻生理落果，同时通过短截部分强旺枝梢，并在抹芽后适时放梢，培育多而健壮的秋梢母枝。这是促进增产、克服大小年现象的一项行之有效的技术措施。

（3）秋季修剪 秋季修剪通常是指 8~10 月进行的修剪。它包括：抹芽放梢后，疏除密弱和位置不当的秋梢，以免秋梢母枝过多或纤弱；通过断根措施，促使秋梢母枝花芽分化；同时，还可继续疏除多余果实，以改善和提高果实品质。

二、整形修剪的方法

整形修剪的基本方法有短截、疏剪、缩剪、拉枝、抹芽、摘心、环割。

1. 短截

剪去脐橙树 1~2 年生枝条前端的不充实部分，保留后段的充实健壮部分，这种修剪方法叫短截，也叫短剪。

（1）短截的种类 根据对脐橙树枝条剪截程度的不同，可将短截分为以下几种类型。

1）轻度短截。在脐橙树的整形修剪过程中，剪去整个枝条的 1/3，叫轻度短截。经过轻度短截后的脐橙树枝条，抽生的新梢较多，但枝梢的生长势较弱，生长量较少。

2）中度短截。在脐橙树的整形修剪过程中，剪去整个枝条的 1/2，叫中度短截。脐橙树的枝条经过中度短截后留下的饱满芽较多，萌发的新梢量中等。

3）重度短截。在脐橙树的整形修剪过程中，剪去整个枝条的 2/3 以上，叫重度短截。脐橙树的枝条经过重度短截后，去除了具有顶端优势的饱满芽，抽发的新梢虽然较少，但生长势和成枝率均较强（图 4-1）。

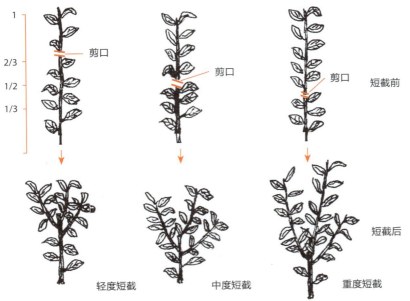

图4-1 轻度、中度、重度短截后的枝条萌发及生长状态

（2）**短截的作用**　短截对脐橙树的生长和结果具有重要的作用。

1）短截主枝延长枝，促使分枝。脐橙幼树定植后，在春梢老熟时（5月下旬），对主枝的延长枝可适当短截，即剪去延长枝先端衰弱部分的1/4~1/3，并对剪口芽留外向芽，使延长枝逐年向外延伸。通过短截，可促发剪口以下2~3个芽萌发出健壮强枝，促进分枝，有利于树体的营养生长（图4-2）。7月中旬适时夏剪，对延长枝一般留5~7个有效芽，促发多而强壮的秋梢，用于扩大树冠。

2）短截落花落果枝，促进枝梢生长。对于初结果的脐橙树，坚持"强枝少短截，弱枝重短截"的原则，对强壮的结果枝尽量少短截。这是为了促发大量的粗壮春梢基枝，以备夏剪促发秋梢，继续扩大树冠。对于落花落果枝，可剪去枝梢的1/3~1/2（图4-3），经短截处理后，第二年可抽生强壮的春梢，用于扩大树冠。

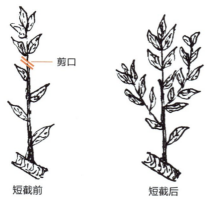

剪口

短截前　　　　短截后

图4-2　短截后剪口下2~3个芽萌发成枝条

图4-3　短截落花落果枝

3）短截落花落果母枝，促进形成健壮的枝梢。对于盛果期的脐橙树，落花落果母枝多数有一定的营养基础，易促发强壮的枝梢。若落花落果母枝上有春梢而且数量多，枝梢生长弱，则可留基部3~4个节位进行短截，以培养健壮的春梢营养枝（图4-4）。

4）短截可调节生长与结果的矛盾，起到平衡树势的作用。短截营养枝，能减少第二年的花量；短截衰弱枝，能促发健壮新梢；短截结果枝，可减少当年结果量，促发营养

图4-4　短截落花落果母枝

枝。对树势强、结果多的初结果脐橙树，可选择其树冠外围强壮的单顶果枝（即只有单果的强枝），留果枝基部的 3~4 个有效芽，剪除幼果，以果换梢；对盛果期的脐橙树，在大年结果多时，要促发大量强壮的秋梢，可选择树冠中上部外围强壮的单顶果枝，留基部 3~4 片叶后剪去果实（图 4-5），以促发健壮的枝梢（秋梢），良好的秋梢可成为第二年优良的结果母枝。

5）短截空膛露脚枝，促使形成健壮的枝梢。空膛露脚枝，又称骑马枝，这类枝梢营养生长较好，可先在适当部位进行环割或环剥，促进其上部枝梢结果，待结果后，留基部 3~4 个芽再进行短截，促使其分枝，降低结果部位（图 4-6）。对于营养条件较差的空膛露脚枝，直接在空膛部位，留基部 2~3 个芽后进行短截，促使形成枝梢，可直接培养成为结果枝组。

图 4-5　单顶果枝留 3~4 个芽后剪去果实

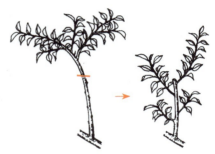

图 4-6　空膛露脚枝的修剪

6）短截可调节树势，控制树冠。在幼树整形时，同一层中各主枝生长势不一，可用中度、重度短截来调节；对脐橙树上下部枝条生长势强弱差异太大的，也可通过此法调节；在生长季短截，可控制树冠的大小。短截时，通过对剪口芽方位的选择，可调节枝条的抽生方位和生长势。

2. 疏剪

疏剪也叫疏删，是将 1~2 年生枝条从基部剪除的修剪方法，其作用是调节各枝条的生长势。

对脐橙树的 1~2 年生枝条进行疏剪，其原则是去弱留强，间密留稀，主要疏去脐橙树上的重叠枝、纤弱枝、丛生枝、徒长枝、交叉枝（图 4-7）和病虫枯枝（图 4-8）等。对于脐橙幼树，应及时疏除在主枝以下主干上萌发的萌蘖枝，以节省养分；对于成年脐橙树，要防止主干上萌发的萌蘖枝抽生成徒长枝，应及时进行疏

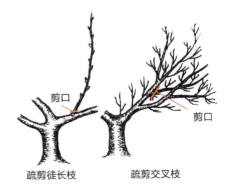

图 4-7　疏剪徒长枝和交叉枝

图 4-8 疏剪病虫枯枝

图 4-9 疏除萌蘖枝

除，以减少养分消耗（图 4-9）。

由于疏剪减少了枝梢的数量，改善了所保留枝梢的光照和养分供应情况，能促使它们生长健壮，多开花，多结果。

3. 缩剪

缩剪也叫回缩，是短截方法的一种，主要是对脐橙树的多年生枝条（或枝组）的先端部分进行的修剪（图 4-10）。缩剪能减少枝条总生长量，使养分和水分集中供应给保留的枝条，促进下部枝条生长，对复壮树势较为有利，常用于大枝顶端衰退或树冠外密内空的成年脐橙树和衰老脐橙树的整形修剪，以便更新树冠的大枝。对顶端衰老枝组进行缩剪后（图 4-11），可以改善树冠内部

图 4-10 对多年生枝进行缩剪

的光照条件，促使基部抽发壮梢，充实内膛，恢复树势，增加开花和结果量。

图 4-11 缩剪以改善树体内部光照条件

对成年脐橙树或衰老脐橙树进行缩剪，其结果常与被剪大枝的生长势及留下的剪口枝的强弱有关。缩剪越重，剪口枝的萌发力越强，生长量越大。缩剪对大枝的更新效果比对小枝的明显。

4. 拉枝

拉枝，可以开张主枝角度，缓和树势，改善光照条件，防止枝条下部光秃。在脐橙幼树整形期，可采用绳索牵引拉枝，竹竿、木杆撑枝，石块等重物吊枝和塞枝等方法，使植株主枝、侧枝改变生长方向及生长势（图4-12），以适应整形对方位角和大枝夹角的要求，进而调节骨干枝的分布和生长势（图4-13、图4-14）。拉枝是脐橙幼树整形中培育主枝、侧枝等骨干枝常用的有效方法。

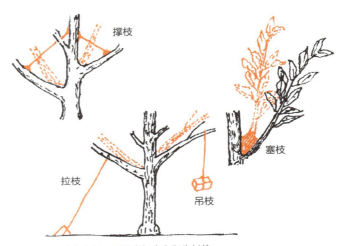

图4-12　改变主枝、侧枝生长方向和生长势

图4-13　采用拉枝开张主枝角度

图4-14　通过木棍撑枝开张主枝角度

5. 抹芽

在脐橙树的夏梢和秋梢抽生至1~2厘米长时，将其中不符合生长结果需要的嫩芽抹除，称为抹芽（图4-15）。由于脐橙树的芽是复芽，因而把零星早抽生的主芽抹除后，可刺

激副芽及其附近的其他芽萌发，抽生出较多的新梢。经过反复几次抹芽，直至正常的抽梢时间到了后即停止抹除，使众多的芽同时萌发抽生，称为放梢。

幼树经多次抹芽后抽生出的夏梢和秋梢，数量多且整齐，使树冠枝叶紧凑。对于脐橙结果树来说，反复抹去夏梢，可减少夏梢与幼果争夺养分所造成的大量落果。幼嫩的新梢集中抽生后，有利于防治潜叶蛾等病虫害，也可通过适时放梢来防止晚秋梢的抽生。

图4-15 抹芽

6. 摘心

在新梢停止生长前，按整形的要求摘除新梢先端的幼嫩部分，只保留需要的长度，称为摘心（图4-16）。通过对脐橙幼树的摘心，可以抑制枝条的延长生长，促进枝条充实老熟，利用其一年多次抽梢的特性，抽生健壮的侧枝，以加速树冠的形成，促使尽早投产。对成年脐橙树摘心，主要是为了促使其枝条充实老熟（图4-17）。

图4-16 摘心

7. 环割

对生长旺盛的成年脐橙树，使用利刀如电工刀，对脐橙树的主干或主枝的韧皮部（树皮）进行环割一圈或数圈，切断皮层，称为环割（图4-18）。环割只割断脐橙树的韧皮部，不伤及木质部，阻止了有机营养物质向下转移，使光合产物积累在环割部位上部的枝叶中，改变了环割口上部枝叶养分和激素的平衡，可促进脐橙树枝条上花芽分化。环割只适用于幼年旺长树或难成花的壮旺树。对于老、弱植株，若采用环割进行控梢促花，往往会因控制过度，而出现黄叶、不正常落叶或树势衰退等现象。

图4-17 摘心促使枝条老熟

切断皮层

图4-18 环割

第五章

脐橙幼树的整形

脐橙幼树,是指定植至投产前的脐橙树。苗木定植后1~3年,应根据脐橙的特性,选择合适的树形,使树体的主干、主枝和副主枝等具有明确的主从关系,并且数量适当,分布均匀,从而培养出结构牢固的特定树形,能在较长的时期里承担最大的载果量,达到"高产、稳产、优质、高效"的栽培目的。

一、树体结构的配置要求

1. 主干高度

主干起着支撑树冠、输送养分的作用。矮干不仅有利于树冠形成,侧枝生长,增加绿叶层,促使幼树早结丰产;而且有利于减轻风雪的危害;另外,还有利于树冠修剪、农药喷施和果实采收等果园管理工作。但是,主干过矮易造成树体通风不良,病虫害严重(如流胶病、脚腐病等)。一般以主干高30~40厘米为好(图5-1)。在山地果园栽植脐橙,其主干宜矮些;在平地果园,尤其是低洼地栽植脐橙,其主干宜高些。

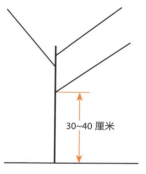

30~40厘米

30~40 厘米

图5-1 主干高度

2. 主枝配置

直接着生在中心主干上的永久性骨干枝称为主枝,从下而上,依次为第一、第二主枝等(图5-2)。

(1)**主枝数量** 主枝构成树冠骨架,为永久性枝。脐橙树主枝多,树冠形成快,有利于早期丰产。脐橙树进入盛果期后,主枝数过多易造成枝干细弱,营养分散,也会使骨架不牢固;相反,主枝过少,则每一个主枝所承受的重量大,枝干易断裂。为了保持脐橙树冠内

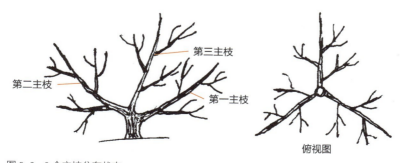

第三主枝

第二主枝

第一主枝

俯视图

图5-2 3个主枝分布状态

有充足的光照，主枝数量不宜过多。通常，自然圆头形树配置 4~5 个主枝（图 5-3），自然开心形树配置 3 个主枝（图 5-4）。

图 5-3　自然圆头形（主枝数量：4~5 个）　　　　图 5-4　自然开心形（主枝数量：3 个）

（2）主枝基部着生方式　脐橙树的 3 个主枝的基部错落着生时，各主枝生长势往往不均衡，一般第三主枝易弱，第一主枝易旺。因此，为了使脐橙树各主枝生长均衡，应采取多种有效整形修剪措施，避免第一、第二主枝邻接，而使第一、第二主枝邻近，第二、第三主枝邻接，这样做易使脐橙树各主枝的生长势达到均衡的状态（图 5-5）。

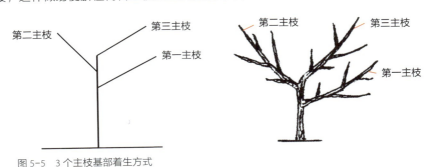

图 5-5　3 个主枝基部着生方式

（3）主枝分枝角度　在脐橙树上，主枝与主干延长线之间的夹角称为主枝分枝角度（图 5-6）。主枝分枝角度越小，机械力越弱，枝梢越直立，生长势越强，且易与中心主干竞争，扰乱树形；主枝分枝角度越大，机械力越强，但主枝分枝角度过大，主枝呈水平状，生长势变弱。因此，在对主枝进行开张角度处理时，应使主枝分枝角度大小适当。

通常，自然圆头形脐橙树的主枝分枝角度宜保持为 30~45 度，自然开心形脐橙树的主枝分枝角度宜为 40~45 度。以后随产量的增加，脐橙树分枝角度可自行增大至 50~60 度，甚至 70 度。通常第一主枝分枝角度为 70 度，第二主枝分枝角度为 50~60 度，第三主枝的分枝角度为 40 度（图 5-7）。

图 5-6　主枝分枝角度

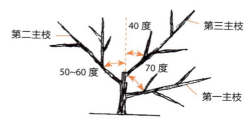

图 5-7　3 个主枝的分枝角度

（4）主枝方位角　相邻主枝间的夹角称为主枝方位角。对于脐橙树来说，一般每层配置 3 个主枝，各主枝在方位上分布均匀，其方位角约为 120 度（图 5-8）。每层配置主枝超过 3 个时，会使方位角变小，导致主枝发育不平衡，负重力变弱。要力争使所配主枝挺直、少弯曲，向一个方向延伸生长，从而使脐橙树冠内外枝叶饱满，结果均匀。

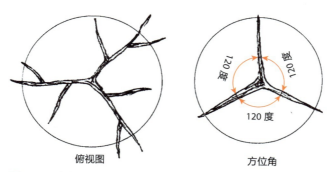

俯视图　　　　　　　方位角

图 5-8　3 个主枝俯视图及方位角

（5）主枝间距　脐橙树上相邻 2 个主枝在中心主干上的距离称为主枝间距，通常以 10~20 厘米为宜（图 5-9）。如果主枝间距过小，各主枝间的发育就不易平衡。一般脐橙树下部的主枝间距较大，近上部的主枝间距较小。

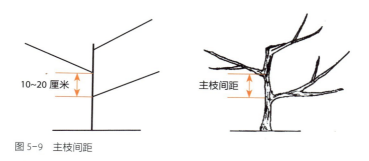

图 5-9　主枝间距

3. 副主枝配置

着生在主枝上的骨干枝称为副主枝。从主枝基部开始，依次为第一、第二副主枝等（图 5-10）。

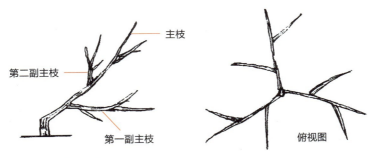

图 5-10 副主枝着生状态

（1）**副主枝的配置要求** 在脐橙树的主枝两侧应配置副主枝，以充分利用主枝间的空间。每个主枝上一般配置 2~3 个副主枝（图 5-11）。为使脐橙树的副主枝在树冠各部分布均匀，第一副主枝应距中心主干 30 厘米；第二副主枝应距第一副主枝 30~40 厘米，并与其生长方向相反。这样做利于枝梢生长，均衡脐橙树的生长势。

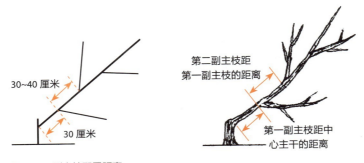

图 5-11 副主枝配置距离

（2）**副主枝方位角** 脐橙树上副主枝与主枝延长线之间的夹角称为副主枝方位角，一般以 60~70 度为宜（图 5-12）。副主枝方位角如果过小，则副主枝与主枝过分靠近，生长范围小，就不便配置侧枝；如果过大，则副主枝的生长势就会削弱，侧枝也会生长不良。为了使脐橙树能正常地生长发育和开花结果，就应该采取多种有效措施，调整好脐橙树副主枝的方位角，使其处在合适的范围。

（3）**副主枝生长势** 在脐橙树的同一个主枝上，第一副主枝应较大，第二、第三、第四副主枝应依次减小。在同一株脐橙树上，第一主枝上的副主枝，应大于第二、第三、第

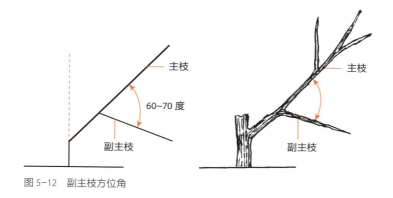

图 5-12　副主枝方位角

四主枝上的副主枝（图 5-13）。副主枝宜分布在主枝左右两侧，呈水平状态，挺直向外延伸。其先端部不宜结果，也不应下垂生长，以免削弱脐橙树主枝和副主枝的生长势。

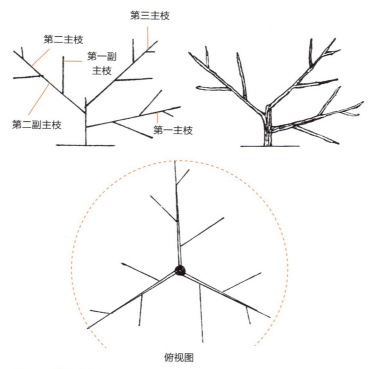

俯视图

图 5-13　副主枝分布及生长势

4. 侧枝配置

脐橙树的侧枝多着生在主枝、副主枝周围。在侧枝上，抽生许多基枝、母枝和营养枝组

（图5-14）。侧枝属于非永久性的骨架枝。合理配置侧枝，有利于脐橙树的树冠形成和开花结果。脐橙树体衰老后，应对它进行缩剪更新，并使侧枝合理配置。在整形中，要求侧枝数量较多、分布均匀、生长势较一致，以便使脐橙树冠紧凑、绿叶层厚、结果体积大。

5. 枝组配置

枝组，是指侧枝或副主枝上基枝逐年抽生的各类枝梢群，通常由结果枝、营养枝和多年生枝构成。枝组多着生在骨架区与绿叶层交界处外层，是绿叶层的组成部分，也是树体制造营养和开花结果的基础。

枝组配置的总要求是：保持树体通风透光，生长均衡，从属分明，排列紧凑，不挤不秃；枝组在主侧枝上的分布应两头稀，中间密（图5-15）。

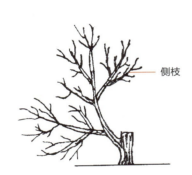

图5-14　侧枝的着生

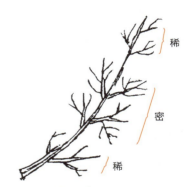

稀

密

稀

图5-15　枝组分布

二、树形选择

合理的树形，对于脐橙树的生长发育和开花结果具有非常重要的意义。因此，在脐橙树栽培管理的过程中，应根据脐橙树的特性进行脐橙幼树的整形。在通常情况下，对脐橙幼树进行整形，多采用自然圆头形树冠（图5-16）或自然开心形树冠（图5-17）。

图5-16　自然圆头形树冠

图5-17　自然开心形树冠

1. 自然圆头形

自然圆头形脐橙树（图 5-18），其树形适应脐橙树的自然生长习性，容易整形和培育。其树冠的特点是：接近自然生长状态，主干高度为 30~40 厘米，没有明显的中心主干，由若干粗壮的主枝、副主枝构成树冠的骨架。主枝数量为 4~5 个（图 5-19），主枝与主干延长线呈 30~45 度角。每个主枝上配置 2~3 个副主枝。第一副主枝距主干 30 厘米，第二副主枝距第一副主枝 30~40 厘米，并与第一副主枝生长方向相反（图 5-20），副主枝与主干延长线呈 60~70 度角（图 5-21）。通观整株脐橙树，树冠紧凑饱满，呈圆头形（图 5-22）。

图 5-18　自然圆头形脐橙树

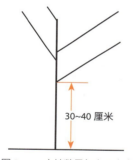

图 5-19　主枝数量与主干高度

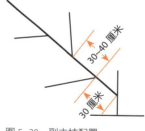

图 5-20　副主枝配置

图 5-21　主枝、副主枝开张角度

图 5-22　自然圆头形树冠结构

2. 自然开心形

自然开心形脐橙树（图5-23），整形时修剪量小，形成快，进入结果期早，果实发育好，品质优，而且丰产后修剪量较小。其树冠的结构特点是：主干高度为25~35厘米，没有中心主干，主枝数量为3个（图5-24），主枝与主干延长线呈40~45度角，主枝间距为10厘米（图5-25），分布均匀，方位角约为120度。各主枝上按相距30~40厘米的标准，配置2~3个方向相互错开的副主枝。第一副主枝距主干30厘米（图5-26），并与主干延长线呈60~70度角。这

图5-23　自然开心形脐橙树

种状态的脐橙树，骨干枝较少，多斜直向上生长，枝条分布均匀，从属分明，树冠开张，开心而不露干，树冠表面多凹凸形状，阳光能透进树冠的内部（图5-27）。

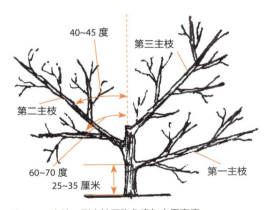

图5-24　主枝、副主枝开张角度与主干高度

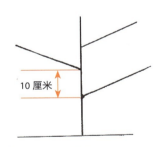

图5-25　主枝间距

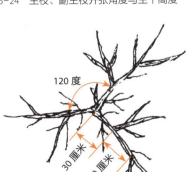

图5-26　主枝、副主枝配置（俯视图）

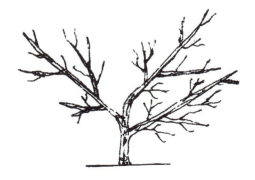

图5-27　自然开心形树冠结构

43

三、整形过程

1. 自然圆头形树冠的整形过程

（1）**第一年** 定植后，在春梢萌芽前将脐橙苗木留 50~60 厘米长后短截定干，剪口芽以下 20 厘米长的范围为整形带。整形带以下即为主干。在主干上萌发的枝条与芽，应及时抹除，保持主干高度为 30~40 厘米，以促发分枝。在整形带内，当分枝长 4~6 厘米时，选留方位适当、分布均匀、长势健壮的 4~5 个分枝作为主枝，将其余的分枝抹除。对保留的新梢，在嫩叶初展时留 5~8 叶后摘心，促其生长粗壮，提早老熟，促发下次梢。经过多次摘心处理后，有利于枝梢生长，扩大树冠，加速树体成形。

（2）**第二年** 在春季发芽前，短截主枝先端衰弱部分。抽发春梢后，在先端选留一强梢作为主枝延长枝，将其余的枝梢作侧枝。在距主干 30 厘米处选留第一副主枝。每次梢长 2~3 厘米时，要及时疏芽，调整枝梢。在每个基枝上，分别选留 3~4 个春夏秋三次梢为好。为使树势均匀，留梢时应注意多留强枝，少留弱枝。通常春梢留 5~6 片叶、夏梢留 6~8 片叶后进行摘心（图 5-28），以促使枝梢健壮。对于秋梢，一般不摘心，以防发生晚秋梢（图 5-29）。

（3）**第三年** 继续培养主枝和选留副主枝，配置侧枝，使树冠尽快扩大。在此期间，主枝要保持斜直生长，以维持强生长势。每个主枝上配置方向相互错开的 2~3 个副主枝。在整形过程中，要防止出现上下副主枝、侧枝重叠生长的现象，以免影响光照（图 5-30）。

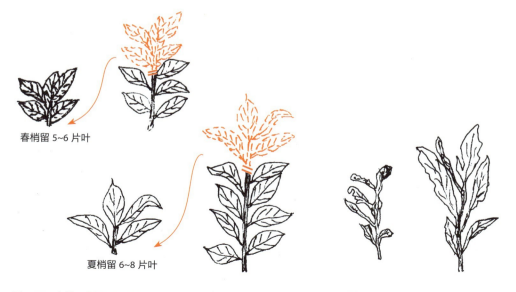

春梢留 5~6 片叶

夏梢留 6~8 片叶

图 5-28 春梢、夏梢摘心状态

图 5-29 晚秋梢

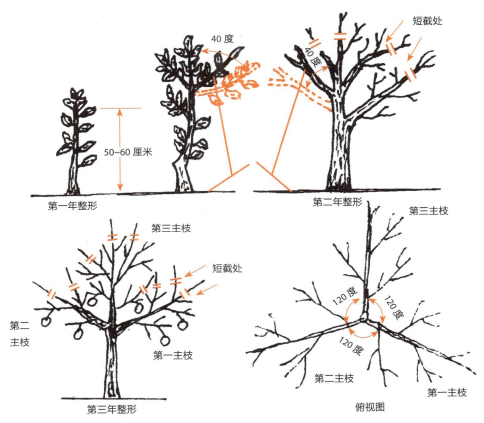

图 5-30　自然圆头形整形过程

2. 自然开心形树冠的整形过程

（1）第一年　定植后，在春梢萌芽前将苗木留 45~55 厘米长后短截定干。剪口芽以下 20 厘米为整形带。在整形带内选择 3 个生长势强、分布均匀及相距 10 厘米左右的新梢作为主枝培养，对其余新梢，除少数作为辅养枝外，其他的全部抹去。整形带以下即为主干。对主干上萌发的枝条和芽，应及时抹除，保持主干高度为 25~35 厘米。要立好支柱扶缚主枝，主枝与主干延长线应呈 40~45 度角（图 5-31）。

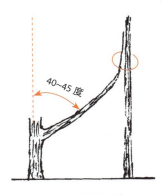

图 5-31　立支柱扶缚主枝

（2）**第二年** 在春季发芽前短截主枝先端衰弱部分。抽发春梢后，在先端选 1 个强梢作为主枝延长枝，其余的作为侧枝。在距主干 35 厘米处，选留第一副主枝。以后，主枝先端如有强夏梢、秋梢发生，可留 1 个作为主枝延长枝，而将其余的摘心。对主枝延长枝，一般留 5~7 个有效芽后下剪，以促发强枝。对保留的新梢，根据其生长势，在嫩叶初展时留 5~8 片叶后摘心，促其生长粗壮，提早老熟，促发下次梢。多次摘心处理，有利于枝梢生长，扩大树冠，加速成形。

（3）**第三年** 继续培养主枝和选留副主枝，配置侧枝，使树冠尽快扩大。要保持主枝斜直生长，以保持强生长势。同时，陆续在各主枝上选留相距 30~40 厘米、方向相互错开的 2~3 个副主枝。副主枝与主干延长线呈 60~70 度角。在主枝与副主枝上配置侧枝，促使其结果（图 5-32）。

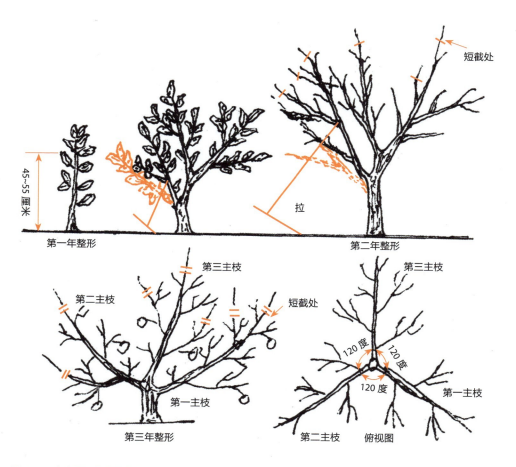

图 5-32 自然开心形整形过程

在脐橙幼树定植后的 2~3 年，对春季形成的花蕾均予以摘除。第三、第四年后，可让树冠内部、下部的辅养枝适量结果；对主枝上的花蕾，仍然予以摘除，以保证其生长势强大，扩大树冠（图 5-33）。

图 5-33　第三、第四年脐橙树树冠中下部适量挂果

四、矫正树形的方法

整形时，要使树体的主干、主枝和副主枝从属关系明确，数量适当，分布均匀，从而构成牢固的树冠骨架，并能在较长时期内承担最大的载果量。主枝分枝角度对于脐橙树的树形培育具有重要意义。因此在整形过程中，一定要调整好脐橙树的主枝分枝角度。

主枝分枝角，包括基角、腰角和梢角（图 5-34）。基角越大，负重力越大，越易早衰。多数幼树的基角及腰角偏小，应对其加以开张。整形时，一般腰角应大些，基角次之，梢角小一些。通常基角为 40~45 度，腰角为 50~60 度，梢角为 30~40 度，主枝方位角为 120 度。对树形歪斜、主枝方位不当及基角过小的树，可在其生长旺盛期（5~8 月），采用石头塞枝（图 5-35）和竹木杆撑枝（图 5-36）的办法，加大主干与主枝间的角度。对主枝生长势过强的脐橙树，可用背后枝代替原主枝的延长枝，以减缓生长势，开张主枝的角度（图 5-37）。

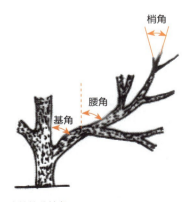

图 5-34　主枝的分枝角

图 5-35　塞枝开张角度

图 5-36　木杆撑枝开张主枝角度

图 5-37　利用背后枝开张主枝角度

　　主枝方位角的调整也是脐橙树整形中的重要内容。主枝应分布均匀，其方位角应大小基本一致。如果不是这样，则可采取通过用绳索拉枝（图 5-38）和石头吊枝（图 5-39）等方法，调整脐橙树的主枝方位角（图 5-40），使其主枝分布均匀，树冠结构合理，外形基本圆整。

图 5-38　拉枝开张角度

图 5-39　吊枝开张主枝角度

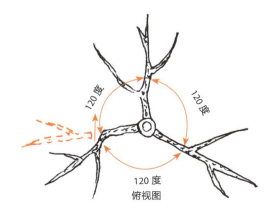

图 5-40　调整主枝方位角

CHAPTER 06

第六章

不同年龄脐橙
树的修剪

按树龄的不同，脐橙树分为幼树、初结果树、盛果期树和衰老树4类。对不同树龄的树，各有不同的生理特点和需要解决的矛盾，应该采取不同的修剪方法和修剪程度，才能达到预期的修剪目的。

一、幼树的修剪

从定植后至投产前这一时期的脐橙树称幼树（图6-1）。幼树的特点是生长势较强，以抽梢扩大树冠、培育骨干枝、增加树冠枝梢和叶片量为主。对幼树的修剪宜轻，应在整形的基础上进行适当修剪。

图6-1 脐橙幼树

1. 短截延长枝

幼树定植后，在5月下旬春梢老熟时，短截延长枝先端衰弱部分（图6-2），以促发分枝，抽出较多强壮夏梢。7月中旬，适时进行夏剪，一般将延长枝留5~7个有效芽后下剪，以促发多而强壮的秋梢，用于扩大树冠（图6-3）。

2. 夏秋长梢摘心

对于未投产的幼树，可利用夏秋梢培育骨干枝，扩大树冠。对于长势强旺的夏秋梢，可在嫩叶初展时留5~8片叶后摘心。通过摘心，促其生长粗壮，提早老熟，促发下次梢。经过

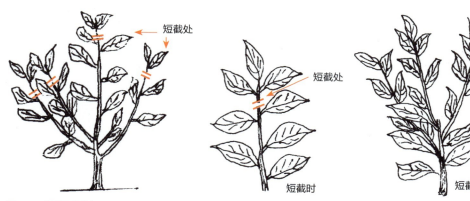

图6-2 短截延长枝

图6-3 延长枝留5~7个有效芽后短截以促发枝梢

多次摘心处理后，分枝增加，有利于枝梢生长，扩大树冠，加速成形。但是，对在投产前一年放出的秋梢母枝，不能摘心，以免减少第二年的花量。

3. 抹芽放梢

幼树定植后，可在夏季进行抹芽放梢，结合摘心放 1~2 次梢，促使其多抽生 1~2 批整齐的夏梢和秋梢，以加快生长、扩大树冠。但是，投产前一年的幼树，抹芽后所放出的秋梢，多是第二年开花结果的优良母枝。故抹芽放梢时，如果树冠上部生长较旺盛，则可对上部和顶部的芽多抹 1~2 次，先放下部的梢。待其先生长健壮后，再放上部的梢，使树冠形成下大上小的结构，改善光照条件，能够立体结果。

4. 疏剪无用枝梢

幼树修剪宜轻，尽可能保留枝梢作为辅养枝。同时，适当疏剪少量密弱枝（图 6-4），剪除病虫枝和扰乱树形的徒长枝（图 6-5）等无用枝梢，以节省养分，促进枝梢生长，扩大树冠。

5. 疏除花蕾

脐橙幼树树冠弱小，营养积累不足，如果过早开花结果，就会影响枝梢生长，不利于树冠形成。因此，在脐橙幼树定植后 2~3 年，应摘除其花蕾。第三、第四年后，也只能让脐橙幼树在树冠内部、下部的辅养枝上适量结果，而主枝、副主枝上的花蕾，仍然要摘除，以保证脐橙幼树进一步加强生长、扩大树冠，直至理想的树形和树冠基本形成。

图 6-4　疏剪密弱枝　　　　　　　　　　　　图 6-5　剪除徒长枝

二、初结果树的修剪

脐橙幼树定植 3~4 年后开始结果，即为初结果树（图6-6）。此时，脐橙树既生长，又结果，但应以生长为主，继续扩大树冠，使它尽早进入结果盛期。

图6-6　初结果树

1. 促发春梢

随着脐橙树进入结果期，其树冠中下部的春梢会逐渐转化为结果母枝，而上部的春梢则是抽发新梢的基枝。因此，对树冠中下部的春梢，除纤弱梢外，其余的应尽量保留，让其结果。而对树冠上部，可在春芽萌发期及时疏除并生芽和直立芽，多留斜生向外的芽（图6-7），并摘除树冠上部的花蕾，从而促发它发生大量的粗壮春梢基枝，以备夏剪促倍，继续扩大树冠。在冬季，可对结果枝（图6-8）和落花落果枝短截 1/3~1/2（图6-9），做到强枝轻短截，弱枝重短截（图6-10）。经短截处理后，第二年可抽生强壮的春梢，进而继续抽生夏梢和秋梢，并成为良好的结果母枝。

图6-7　疏除并生芽和直立芽

图6-8　短截结果枝

图6-9　短截落花落果枝（1/3~1/2处）

图6-10　重短截弱枝

2. 抹除夏梢

对挂果多的脐橙树，为防止其因抽发夏梢加重生理落果，缓和生长与结果的矛盾，在 5~7 月要及时抹除夏梢（图 6-11）。通常是每 3~5 天抹除 1 次，直到夏剪放梢时为止。对挂果少的脐橙树，应在嫩叶初展时对夏秋长梢留 5~8 片叶后摘心，促其长粗长壮，提早老熟，促发下次梢。多次摘心处理能增加分枝，扩大树冠，加速成形。长势旺的夏秋梢抽生较多时，可在冬季短截 1/3 数量的强夏秋梢，保留春段或基部 2~3 个芽，让其抽生预备枝（图 6-12）。保留 1/3 数量生长中等的夏秋梢作为结果母枝，使其开花结果。疏剪 1/3 数量的较弱夏秋梢，减少结果母枝数量和花量，以节省树体养分。

图 6-11　抹除夏梢

3. 猛攻秋梢

秋梢是初结果树的主要结果母枝。6 月底~7 月初，要对初结果树重施壮果促梢肥；7 月下旬，对其树冠外围的斜生粗壮春梢，一律保留 3~4 个有效芽后进行短截（图 6-13）；对于树势强、结果多的初结果树，可选择其树冠外围强壮的单顶果枝，留果枝基部的 3~4 个有效芽后剪除幼果，以果换梢。这样，通过对脐橙树采取猛攻秋梢的有效措施，可以使脐橙树促发足够数量的健壮秋梢，作为第二年优良的结果母枝（图 6-14）。

图 6-12　夏秋长梢的修剪

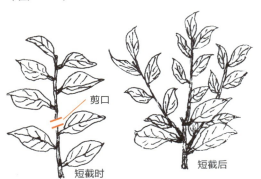

图 6-13　春梢留 3~4 个有效芽后短截促发秋梢

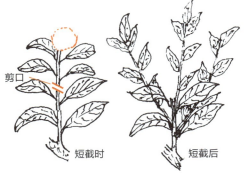

图 6-14　单顶果枝留 3~4 个有效芽短截后萌梢状态

4. 继续短截延长枝

在修剪中，常采用拉枝方法，将主枝、侧枝延长枝拉至70度左右的角度，长势强的可拉至水平状，特旺的可拉至下垂，以削弱其顶端优势；并剪去延长枝先端衰弱部分，以促使侧枝或基部的芽萌发抽梢，培育内膛和中下部的结果母枝，增加结果量（图6-15）。

此外，对初结果树的修剪还应注意以下几点。

①定植后3~4年生的脐橙树，以树冠中下部位结果较多（图6-16）。因此，对中下部的下垂枝不应轻易剪除，可在结果后逐步缩剪下垂枝，提高枝梢位置（图6-17）。

②在春夏两季，要及时剪去树冠内膛抽发的徒长枝，以免扰乱树形或造成树冠郁闭（图6-18）。

③对4~5年生的脐橙树，应注意"开天窗"，即剪除若干直立或生长过旺的枝组（图6-19），防止树冠上部及外围呈郁闭状态，使光线能透入内膛，改善内膛光照，促使树冠中下部正常结果（图6-20）。

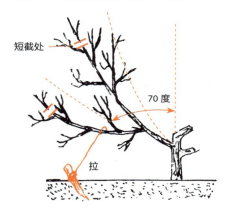

图6-15　拉枝并短截延长枝先端衰弱部分

图6-16　3~4年生树以树冠中下部结果较多

图6-17　缩剪下垂枝

图6-18　剪除树冠内膛的徒长枝

图6-19　剪除直立或过旺枝组

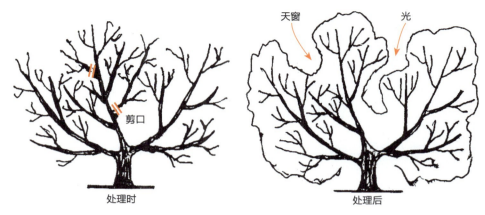

天窗　　光

处理时　　　　　　处理后

图6-20　"开天窗"式修剪

三、盛果期树的修剪

脐橙树进入盛果期后，树冠各部位普遍开花结果。经过几年时间的丰产后，其树势逐渐转弱，较少抽生夏秋梢，结果母枝转为以春梢为主。枝组大量结果后，也逐渐衰退，易形成大小年现象。这个时期，对脐橙树进行修剪的目的是及时更新侧枝、枝组和小枝，培育新的结果母枝，保持营养枝与花枝比例适当，防止大小年现象的出现，尽量延长脐橙树盛果期（图6-21）的年限。

图6-21　盛果期脐橙树

1. 冬春修剪

采果后到春梢萌发前进行的修剪为冬春修剪。具体修剪方法如下。

（1）及时调冠整枝　要使结果的成年脐橙树保持高产稳产，达到立体结果，就必须使树冠互不遮挡，做到下部大，上部略小且稀，外围疏，内膛饱满，通风透光，层层疏散，冠面凹凸呈波浪形，呈自然圆头形（图6-22），有效结果体积大。这就要短截相邻主枝、副主枝与交叉重叠枝，保持各枝间有足够空间，侧枝要求短而整齐，有较强凸出者，则可在小枝部位剪除，以免妨碍邻近侧枝的生长（图6-23）。

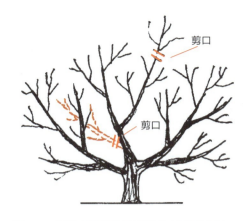

图 6-22　自然圆头形的冠面凹凸，呈波浪形　　　　图 6-23　剪除交叉重叠枝和短截凸出树冠的强枝

（2）疏剪郁闭大枝　脐橙树在结果初期，树冠上部抽生的直立大枝较多，相互竞争，生长势也强，应注意对它们加以控制。对于树势强的脐橙树，要疏剪强枝和直立枝，以缓和树势，防止树冠出现上强下弱的现象。脐橙树丰产后，树冠外围大枝较密，可适当疏剪部分 2~3 年生大枝，以改善树冠内膛光照条件，防止早衰，延长盛果期年限（图 6-24）。

（3）更新枝条，轮流结果　随着脐橙树树龄的增长，结果量增大，行间树冠相接，结果枝组容易衰退。因此，每年进行修剪时，应选 1/3 左右的结果枝组，将其从基部短截，在剪口保留 1 个当年生枝，并短截其 1/3~2/3，防止其开花结果（图 6-25），从而使这些部位抽生较强的春梢（图 6-26）夏秋梢，形成强壮的更新枝组，轮流结果。对于夏秋梢的结果母枝，可进行轮换结果，通常将已结果的秋梢结果母枝保留，对未结果的

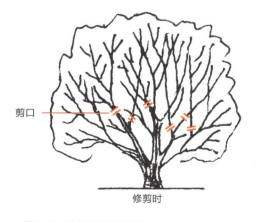

图 6-24　疏剪强枝和直立枝

图 6-25　缩剪结果母枝及短截当年生枝

图 6-26　营养枝短截后抽生较强的春梢

秋梢长枝，保留 3~4 片叶后进行短截（图 6-27），促使抽生健壮的枝梢，形成强壮的更新枝组，轮流结果，保持稳产。

图 6-27　对未结果的秋梢长枝保留 3~4 片叶后短截

（4）结果枝和结果母枝的修剪　对结果后衰弱的结果母枝，可从基部剪除（图 6-28）。若同时抽生营养枝，则可留营养枝，剪去结果枝；若结果枝衰弱，叶片枯黄，则可将结果枝从基部剪除（图 6-29）；若结果枝充实，叶片健壮，则只剪去果梗（图 6-30），使其在第二年抽发 1~2 个健壮的营养枝。

图 6-28　剪除衰弱的结果母枝

图 6-29　剪除衰弱的结果枝

图 6-30　剪去果梗促发枝梢

（5）合理缩剪下垂枝　树冠中下部的枝梢是脐橙树早结丰产的优良结果部位，不应随意剪去，而要充分利用其下垂枝开花结果（图 6-31）。结果后，这些枝条衰退，可对其进行逐年缩剪。修剪时，从健壮处剪去先端下垂的衰弱部分，抬高枝梢位置，使这些枝梢离地稍远（图 6-32）。这样，就不至于因果实重量增加而垂地，从而避免损害果实的品质。

（6）**疏剪病虫弱枝，改善树体光照**　　脐橙树易在树冠四周产生大量的密生小侧枝，使树冠外围枝叶密集，内膛光照极弱，叶黄枯枝、病虫枝大量发生，故应及时疏除脐橙树的纤弱枝、重叠枝（图 6-33）、交叉枝（图 6-34）和病虫枝（图 6-35）等。对密生枝（图 6-36）采取"三去一""五去二"的办法，去弱留强，去密留稀，以保持树冠有足够大小不等的"天窗"，使阳光散射到树冠中部，改善内膛的光照条件，从而充分发挥树冠各部位枝条的结果能力（图 6-37）。

图 6-31　下垂枝结果

图 6-32　结果后，缩剪下垂枝，抬高枝梢位置

图 6-33　疏除纤弱枝和重叠枝

图 6-35　疏除病虫枝

图 6-34　疏除交叉枝

图 6-36　需疏除的密生枝

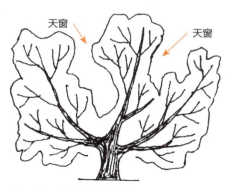

图 6-37　"开天窗"式修剪

58

2. 夏季修剪

从脐橙树春梢停止生长后，到秋梢抽生前（即 5~7 月），对树冠枝梢进行的修剪为夏季修剪。

（1）抹除夏梢　5~7 月，要及时抹除夏梢，防止因夏梢抽发而加重生理落果。通常每 3~5 天抹除 1 次，直到夏剪放梢时为止。也可在夏梢萌发至长 3~5 厘米时喷施杀梢素，控制夏梢生长（图 6-38），避免因与幼果争夺养分水分而引起落果。

生产上，控制夏梢抽生，及时抹除夏梢的脐橙树（图 6-39）比不控夏梢的脐橙树（图 6-40）产量提高。据江西信丰园艺场（1976 年）试验，控制夏梢的脐橙树比不控夏梢的脐橙树的产量提高 4 倍。

（2）培养健壮秋梢结果母枝　脐橙的春梢、夏梢、秋梢都能成为结果母枝。成年脐橙树以春梢为主要结果母枝，通过夏季修剪，能促发大量健壮的秋梢结果母枝（图 6-41）。充分利用脐橙树的这一特性，是脐橙园丰产稳产，减少或克服大小年现象的一项关键性措施。

1）合理安排秋梢期。放秋梢的迟早，要视地区、品种、树龄、树势、挂果量、气候条

图 6-38　喷施杀梢素控制夏梢生长

图 6-39　控制夏梢的脐橙树生长结果状态

图 6-40　不控夏梢的脐橙树生长结果状态

图 6-41　上一年夏季修剪后，促发的健壮秋梢结果母枝

件及管理水平等情况，灵活掌握。确定的放秋梢日期，既要有足够的时间使秋梢生长充实，又要有利于抑制晚秋梢及冬梢萌发。一般盛果期挂果较多的树和弱树，宜放大暑—立秋梢；挂果适中，树势中等的青壮年树，宜放立秋—处暑梢；初果幼年树、挂果少的旺树，宜放处暑—白露梢。此外，树龄大、树势弱的放秋梢要早些，反之则迟些；受旱的脐橙园放秋梢宜早些，肥水条件好的脐橙园放秋梢宜迟些。要避免在酷热、干旱和蒸发量大的时候放秋梢。

2）科学修剪和施肥。夏季修剪一般在放秋梢前 15~20 天进行，以短截为主。其修剪对象为营养枝、结果枝、徒长枝、落花落果母枝，以及病虫枝、枯枝和丛生枝。

①营养枝。对树冠上部的营养枝，留 5~7 片叶后短截（图 6-42）。其中，强枝留 7 片叶，弱枝留 5 片叶。

②结果枝。在大年结果多时，要促发大量的秋梢。为此，可采取以果换梢的办法，选择仅有单果的强枝（单顶果枝），留 4~5 片叶后剪去果实（图 6-43）；对幼果已脱落的强壮果枝，留基部 3~4 片叶后，剪除果梗一端（图 6-44），促使抽发整齐强壮秋梢（图 6-45）。

图 6-42 营养枝留 5~7 片叶后短截

图 6-43 单顶果枝留 4~5 片叶后短截

图 6-44 落果枝留 3~4 片叶后短截　　图 6-45 夏剪后抽发的梢枝

③徒长枝。对搅乱树形的徒长枝，将其从基部疏除（图6-46）。对位置恰当、有利用价值的徒长枝，可以按低于树冠15~20厘米的长度进行短截。

④落花落果母枝。此类枝多数有一定的营养基础，容易促发秋梢。因此，对其一般应剪到饱满芽的上方。可区别不同情况进行处理。第一，对无春梢的弱小落花落果母枝，留1~2片叶后短截（图6-47）；第二，对无春梢而较粗壮的落花落果母枝，留5~6片叶后短截（图6-48）；第三，对有4~5个强壮春梢的落花落果母枝，将外围较强春梢留3~4片叶后短截（图6-49）；第四，对其上有春梢，但少而弱的落花落果母枝，留5~6片叶后短截，并疏除其上的春梢。

⑤病虫枝、枯枝及丛生枝。对枯枝及严重的病虫枝，一律从基部剪除（图6-50）。对树冠外围的丛生枝和郁闭枝，一般留枝丛下部2个较强的小枝，将以上部分剪去（图6-51），以促进通风透光，抽发秋梢。

图6-46　将徒长枝从基部疏除

对上述枝的修剪，总的修剪原则是：在夏季修剪时，剪口的多少根据树龄、树冠大小和挂果多少而定。一般每个剪口可促发2~3个秋梢，第二年平均每个秋梢约挂果1.5个。所以，第二年株产25~35千克的树，一般要求有30~50个有效剪口；成年树每株应有100~120个有效剪口。按照以上的剪口数量，进行脐橙树的夏季修剪，才能使脐橙树达到预定的秋梢量。

图6-47　弱小的落花落果母枝
留1~2片叶后短截

图6-48　较粗壮落花落果母枝
留5~6片叶后短截

图6-49　外围较强春梢
留3~4片叶后短截

图 6-50 疏除枯枝

剪口

图 6-51 疏除丛生枝，在剪口处留 2 个
较强的小枝

　　进行夏季修剪，需要配合充足的肥水供应，才能攻出壮旺的秋梢。攻秋梢肥是一年中的施肥重点，应占全年施肥量的 30%~40%，并以速效氮肥为主，配合腐熟的有机肥。一般在放梢前 15~30 天施 1 次有机肥，施肥量为饼肥 2.5~4 千克 / 株。以后再在夏季修剪前施一次速效氮肥，施肥量为复合肥 0.5 千克 / 株，并配合施入磷、钾肥。

　　另外，施肥和修剪还应结合灌溉，才能达到预期的攻秋梢目的。放梢后，还应注意防治潜叶蛾，才能保证秋梢抽发整齐和健壮。

　　3）正确调控放秋梢。脐橙树经过施肥攻梢和夏季修剪后，能刺激剪口以下枝桩的 2~4 个潜伏芽萌发。对脐橙树剪口下最初抽吐的 1~2 个芽应予以抹掉，以等待下边的芽萌发（图 6-52）；在同一株上，高位的枝条先吐芽，将其抹去后，可促进低位的枝条萌芽；同一个脐橙园的壮旺树先吐芽，将芽抹去后，可使其与其他脐橙树一齐萌发。

抹芽

抹芽时

抹芽后下边的
芽萌发

图 6-52 抹芽放梢

经过对脐橙树采取这样的抹芽调梢法，连续抹芽 2~3 次（每 3~4 天抹芽 1 次），直到每株脐橙树有 70% 以上的芽萌发，全园有 70% 以上的脐橙树正常萌芽后，再统一放梢。待新梢长出 3~5 厘米时，每枝留 2~4 个好的新梢，将其余过密或过弱的新梢予以疏除。

四、衰老树的修剪

衰老脐橙树是指经过一段时期的高产后，随着树龄的增大，树势逐渐衰退，树冠各部大枝组均变成衰弱枝组，内膛光秃，结果减少（图 6-53）。这时，应在增施肥水、更新根系的同时，根据植株不同的衰弱程度，对地上部分于春梢萌芽前进行不同程度的更新修剪，以促使潜伏芽萌发，恢复树势和产量，延长结果年限。根据树冠衰老程度的不同，更新修剪分为轮换更新、露骨更新和主枝更新。

图 6-53 衰老脐橙树

1. 轮换更新

轮换更新，又称局部更新或枝组更新，是一种较轻的更新。比如，树体部分枝组衰退，尚有部分枝组有结果能力，则可在 2~3 年内有计划地轮换更新衰老的 3~4 年生侧枝，并删除多余的基枝、侧枝和副主枝。要保留强壮的枝组和中等枝组，特别是有叶枝应尽量保留。脐橙树在轮换更新期间，尚有一定的产量。经过 2~3 年，在完成更新后，它的产量比更新前要高，但树冠有所缩小（图 6-54）。再经数年，它可以恢复到原来的树冠大小。因此，衰老树采用这种方法处理效果好。

图 6-54　轮换更新后的脐橙树

2. 露骨更新

露骨更新，又称中度更新或骨干枝更新，用于那些不能结果的衰老树或很少结果的弱树。这种更新，主要是删除多余的基枝、侧枝、重叠枝、副主枝或 3~5 年生枝组，仅保留主枝。露骨更新能促使树体抽生健壮的春梢营养枝（图 6-55）。如果加强管理，当年便能恢复树冠，第二年能获得一定的产量（图 6-56）。更新时间最好安排在每年新梢萌芽前，通常以 3~6 月为好。在高温干旱的脐橙产区，可在 1~2 月春芽萌发前进行露骨更新。

3. 主枝更新

主枝更新，又称重度更新，是更新中最重的一种。对树势严重衰退的衰老树，可在距地

图 6-55　露骨更新促发健壮的春梢营养枝

图 6-56　露骨更新后的结果状态

面 80~100 厘米高处的 4~5 级骨干大枝上缩剪，锯除全部枝叶（图 6-57），使其重新抽生新梢，形成新树冠（图 6-58）。对衰老树缩剪后，要经 2~3 年才能恢复树冠，开始结果。一般在春梢萌芽前进行主枝更新。实施时，锯口要平整光滑（图 6-59），锯口不平留有残桩（图 6-60）或大枝锯口不平留有残桩（图 6-61），都容易被病虫为害，最好涂接蜡保护伤口。树干用生石灰 15~20 千克、食盐 0.25 千克、石硫合剂渣液 1 千克，加水 50 升，配制成刷白剂刷白，防止日灼。新梢萌发后，抹芽 1~2 次后放梢，疏去过密和着生位置不当的枝条，每枝留 2~3 个新梢。对长梢应摘心，以促使其增粗生长，将其重新培育成树冠骨架。第二年或第三年后，即可恢复结果。

图 6-57 主枝更新

图 6-58 主枝更新后的萌芽状态

图 6-59 大枝锯口平整光滑

图 6-60 锯口不平整留有残桩

图 6-61 大枝锯口不平留有残桩

4. 更新后的管理

衰老树更新后的树冠管理工作，是更新成功的关键。其树冠管理应注意以下几点。

①加强肥水管理，在根系更新的基础上更新树冠。在更新前一年的 9~10 月，进行改土扩穴，增施有机肥，并保持适度的肥水供应，促进树体生长。要进行树盘覆盖，保持土壤疏松和湿润。

②加强对新梢的抹除、摘心和引缚。脐橙衰老树被更新修剪后，往往萌发大量的新梢。对萌发的新梢，除需要保留的以外，应及时抹除多余的枝梢。对生长过强或带有徒长性的枝条，要进行摘心，使其增粗，将其重新培育成树冠骨架。对作为骨干枝的延长枝，为保持其长势，应用小竹竿引缚，以防折断（图 6-62）。

③注意防晒。树冠更新后，损失了大量的枝叶，其骨干枝及主干极易发生日灼。因此，对各级骨干枝及树干要涂白，对剪口和锯口要修平，使其光滑，并涂防腐剂。

④对衰老树的更新修剪，应选择在春梢萌芽前进行。一般夏季气温高，枝梢易枯死；秋季气温逐渐下降，枝梢抽发后生长缓慢；冬季气温低，易受冻害，都不宜进行衰老树的更新修剪。

⑤在叶片转绿和花芽分化前，可对叶面可喷施 0.3%~0.5% 尿素与 0.2%~0.3% 磷酸二氢钾混合液，连喷 2~3 次。也可使用营养全面的新型高效叶面肥，如叶霸、绿丰素、氨基酸和倍力钙等。

图 6-62　枝梢用小竹竿引缚，以防折断

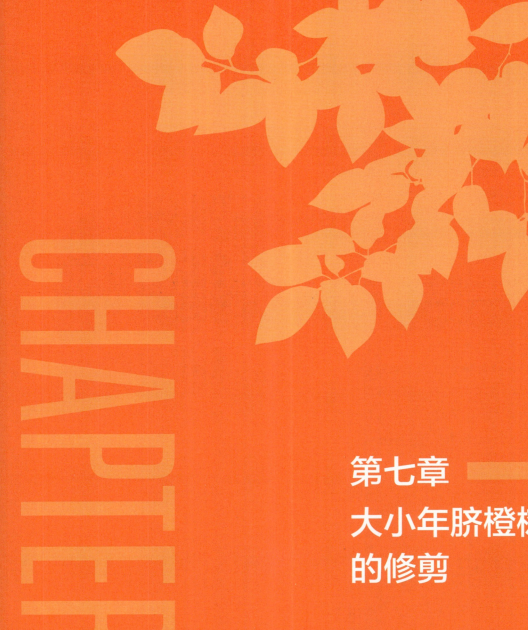

CHAPTER 07

第七章
大小年脐橙树
的修剪

脐橙树进入盛果期后，容易形成大小年。如果不及时矫治，则大小年产量差幅会越来越大。为防止和矫治脐橙树的大小年，促使其丰产稳产，对大年树的修剪要适当减少花量，增加营养枝的抽生；对小年树则要尽可能保留开花的枝条，以求保花保果，提高产量。

一、大年树的修剪

　　大年树的修剪，是指大年结果前的冬剪和早春复剪与夏秋修剪。大年树无叶花枝较多，花蕾发育差，落花落果严重，养分消耗大，削弱了树势，春梢抽生少且弱，果实成长时树体养分供应不足，夏秋梢抽生也往往受到很大的影响，因而造成第二年的小年。所以，对大年树的修剪宜稍重，以疏剪为主，短截为辅。其修剪要点如下。

图 7-1　"开天窗"式修剪树冠内郁闭大枝，改善内膛光照

　　1）疏剪树冠上部、中部郁闭的2~4年生枝组，注意"开天窗"，使阳光射入树冠内膛，改善内膛光照（图7-1）。同时，疏剪密弱枝、交叉枝、郁闭枝和病虫枝（图7-2）。

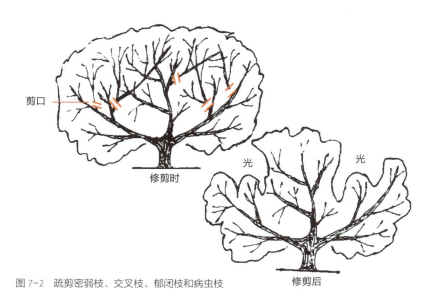

图 7-2　疏剪密弱枝、交叉枝、郁闭枝和病虫枝

2）对树冠外部过长的夏秋梢，可短截1/3~1/2；对并生枝在 3 个以上的，可将弱枝自基部剪去 1~2 个，促使其在当年抽生新梢（图 7-3）。

3）短截夏秋梢结果母枝。大年时，脐橙树能形成花芽并开花的结果母枝过多，可疏除 1/3 弱母枝，短截 1/3 强母枝，保留 1/3 中等母枝，以减少开花量，促使抽生营养枝（图 7-4），并注意剪去直立枝，多留斜生枝和水平枝（图 7-5）。当大小年产量差距很大时，还可多短截、少保留开花母枝、加重修剪以减少花量。

4）7 月，短截部分衰弱枝组（图 7-6）、落花落果枝组（图 7-7），促使其抽生秋梢，以增加第二年（小年）的结果母枝数量。

5）第二次生理落果结束后，分期进行疏果，先疏去发育不良的畸形果和密生果，以达到适宜的叶果比，保留恰当的果实数量。

6）秋季结合重施肥，每株施饼肥0.25~4 千克、复合肥 0.5 千克，配合施磷、

图 7-3　树冠外围过长夏秋梢的处理

图 7-4　夏秋梢结果母枝的处理

图 7-5　"去直留斜法"保留夏秋梢结果母枝

图 7-6　短截衰弱枝组

钾肥，并采取断根控水施肥促花的措施，可有效地增加花芽的数量。具体方法为：9~12月，沿树冠滴水线下挖宽50厘米、深30~40厘米、长随树冠大小而定的小沟（图7-8），至露出树根为止，露根时间为1个月左右，露根结束后即覆土。春梢萌芽前10~15天，每株施尿素0.2~0.3千克，并加施腐熟人、畜粪肥25千克。

7）在冬季或早春，对预计花量过大的树（根据夏秋梢结果母枝多和当年产量少、秋季气温高、日照多等综合因素进行预测），在大年结果前一年的9~11月，对树冠喷施50~100毫克/升的赤霉素2~3次，每20~30天喷1次，可有效地减少花量，促使多抽生营养枝。

剪口

图7-7 短截落花落果枝组

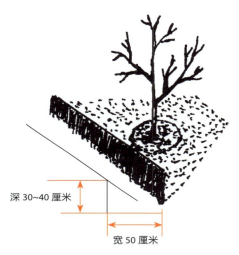

深30~40厘米

宽50厘米

图7-8 开沟断根示意图

二、小年树的修剪

小年树的修剪，是指在大年采果后对脐橙树的修剪。因大年树结果多，损耗养分多，抽梢量少，树势衰弱，花芽分化困难，第二年便会成为小年树。对小年树的修剪，最好在萌芽至现蕾前进行。其修剪要点如下。

1）尽量保留结果母枝。夏秋梢和内膛的弱春梢营养枝，只要能开花结果，就一律保留。

2）短截、疏剪树冠外围的衰弱枝组（图7-9）和结果后的夏秋梢结果母枝（图7-10），注意选留剪口饱满的芽，以更新枝组。

3）对当年的过旺春梢进行摘心，疏去过弱的春梢。这样，既可提高当年坐果率，又能促发强壮的夏梢和秋梢。

4）开花结果以后，进行夏季疏剪，疏去没有开花结果的衰弱枝组，使树冠通风透光、枝梢健壮，从而提高产量。同时，剪去当年不结果的弱春梢，以改善光照，促进果实增大和抽生强壮的夏秋梢（图7-11）。

　　5）缩剪、疏剪交叉枝和衰弱枝组（图7-12）。对脐橙树上的空膛露脚枝，由于分枝部位上移，容易造成中下部空膛露脚，故应对它于适当部位短截，促其下部多发健壮枝条。这样，既能降低空膛露脚枝的分枝部位，克服树冠局部空膛，又能增加结果母枝。经过缩剪，可使脐橙树的空膛露脚枝恢复生长势，重新变成强壮的枝条（图7-13）。

图7-9　疏剪树冠外衰弱枝组

图7-10　短截结果后的夏秋梢结果母枝

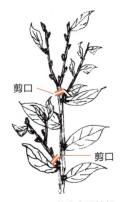

图7-11　剪除衰弱枝组和弱春梢

图7-12　缩剪交叉枝和衰弱枝组

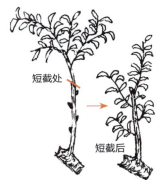

图7-13　短截空膛露脚枝

三、稳产树的修剪

　　脐橙稳产树的特点是：营养枝占60%左右，花量适中，叶果比以（50~60）∶1为好。有叶单花枝比例大，坐果率高，常呈"半树花，一树果"状。修剪时，在不影响透光的情况下，要尽量轻剪，多留枝叶，使其有较厚的绿叶层，以提高立体结果能力。其修剪要点如下。

1）早春修剪时，适当地短截过长和披垂的部分夏秋梢（图7-14），疏去细短弱枝（图7-15）、枯枝（图7-16）和病虫枝，以利于抽生营养枝和有叶单花枝。

2）及时缩剪或短截结果后的枝组（图7-17）、衰弱枝组（图7-18）、弱夏秋梢结果母枝（图7-19）和交叉枝（图7-20）等，以促进营养枝生长，增大叶果比。

3）结果过多时，应适当疏果。在7月中下旬"以果换梢"，即可选择外围强壮的单顶果枝，留果枝基部3~4个有效芽后剪除带有幼果的顶端（图7-21），防止因结果过多而造成树势衰弱，出现大小年现象。

实践证明，重疏纤细春梢、弱秋梢和短截强壮的夏秋梢，可以使花序减少，营养枝增多，有效地控制花量，改善花质，提高坐果率，调整营养枝所占比例，改善光照条件，年年交替结果。具体做法如下。

①簇枝间密留稀。对先端呈簇状的枝条，每簇留1~2个整枝和1个短截枝，将其余的全部剪去（图7-22）。

图7-14　短截过长和披垂的夏秋梢

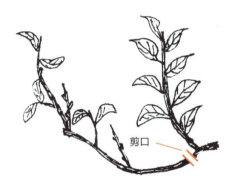

图7-15　疏除细短弱枝

图7-16　剪除枯枝

图 7-17 短截、缩剪结果后的枝组

图 7-18 疏除衰弱枝组

图 7-19 疏剪弱夏秋梢结果母枝

图 7-20 疏除交叉枝

图 7-21 强壮的单顶果枝留 3~4 片叶后短截

图 7-22 簇状枝的处理

②强枝短截缩剪。对于脐橙树强壮的夏梢和秋梢，长梢留 5 个芽，短梢留 4 个芽后进行短截（图 7-23）。

③保留内膛枝。脐橙树的内膛枝也有良好的结果能力，且不受日灼影响，故只剪除其中的病虫枝和弱枝即可，其余的均应保留。

④疏花疏果。现蕾后疏花，每个花序留 2 个蕾，每束留 2 个幼果（壮果）。

⑤抹芽控梢。早期夏芽应全部抹除，以免争夺养分，引起落果（图 7-24）。

剪口

短截处

图 7-23　强壮夏梢和秋梢留 4~5 个芽后短截

抹除夏芽

图 7-24　抹芽控梢

第八章

其他类型脐橙
树的修剪

一、旺长树的修剪

旺长树，是指营养生长旺盛，却很少结果，甚至不结果的树。由于它长势旺，消耗养分多，树体营养积累少，不利于花芽分化，花量少，因而开花结果少，甚至不结果（图 8-1）。它枝梢旺盛生长的主要原因是氮肥施用过多，肥水过足。针对这种树，首先应控制氮肥的施用量，增加磷、钾肥的比例，使施肥合理化。其次应配合修剪，使树体由营养生长向生殖生长转化。修剪时，为防止刺激枝梢旺长，要多疏剪，少短截。其修剪要点如下。

图 8-1　营养生长过旺的脐橙树

1）疏剪部分强枝。对生长较旺的树冠不宜短截，也不要一次疏剪过重，以免抽发更多的强枝。要逐年疏剪部分强旺侧枝和直立枝组（图 8-2），改善树冠内部光照，使枝梢多次抽生分枝，缓和及削弱生长势，促使花芽分化。

2）控制根系旺长。对于生长势强旺的脐橙树，在 9~12 月，沿树冠滴水线下挖宽 50 厘米、深 30~40 厘米、长随树冠大小而定的小沟，至露出树根为止，露根时间为 1 个月左右，以达到断根控水的目的，削弱树体营养生长，促使花芽分化（图 8-3）。露根结束后，进行覆土。

3）采用环割、环剥、环扎和扭枝等技术，促使旺长树花芽分化。

①环割。9~12 月，用利刀（如电工刀）对脐橙树主干或主枝的韧皮部（树皮）环割一

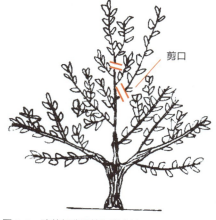

图 8-2　疏剪部分强枝和直立枝

图 8-3　断根控水

圈或数圈。环割深度以刀割断韧皮部不伤木质部为度，环割使光合产物积累在环割部位上部的枝叶中，枝叶中的碳水化合物浓度增高，改变环割口上部枝叶养分和激素平衡，促进花芽分化（图8-4）。

②环剥。对旺长脐橙树的主枝或侧枝，选择其光滑的部位，用利刀环剥一圈或数圈。通常在9月下旬~10月上旬进行，环剥宽度一般为被剥枝直径的1/10~1/7，剥后及时用塑料薄膜包扎好环剥口，以保持伤口清洁和促进愈合。环剥阻止了有机营养物质向下转移，使营养物质积累在树体中，提高了树体的营养水平，有利于花芽分化（图8-5）。

③环扎。对生长旺盛的脐橙树，在9~10月，用14~16号铁丝选择主枝或侧枝较圆滑的部位结扎1圈（图8-6），扎的深度为使铁丝嵌入皮层1/2~2/3，不伤木质部，扎40~45天后，叶片由深绿转为浅黄时拆除铁丝。环扎阻碍了有机营养物质的输送，增加了环扎口上枝条的营养积累，有利于枝条的花芽分化。

④扭枝和弯枝。生长旺盛的脐橙树容易抽生直立强枝，可采用扭枝和弯枝的方法，促进枝梢花芽分化（图8-7）。扭枝是在秋梢老熟后，用手将枝条从基部扭转一圈，扭伤木质

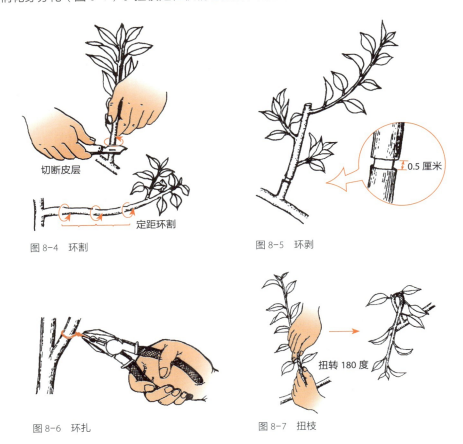

图8-4　环割

图8-5　环剥

图8-6　环扎

图8-7　扭枝

部，枝条即会下垂，叶色褪至浅绿色，春季又会恢复原状；或在强枝茎部用手扭转 180 度。弯枝是当秋梢老熟时，用塑料薄膜带将徒长枝拉弯，也有用撑枝辅助的，待叶色褪至浅绿色即可解缚。扭枝、弯枝能损伤强枝的输导组织，起到缓和生长势，促进花芽分化的作用。具体方法是：对长度超过 30 厘米以上的秋梢或徒长性直立秋梢，在枝梢自剪后、老熟前，进行扭枝或弯枝处理，削弱其生长势，增加枝梢内养分积累，促使花芽形成。待处理枝定势半木质化后，即可松开。

4）保花保果。开花后，要抹除部分强春梢和全部的夏梢，以保果实，增加结果量，抑制树势，使其逐步达到枝果平衡，从而转入丰产稳产。

二、落叶树的修剪

由于管理不善，会导致不少病虫危害脐橙树的叶片，如溃疡病、炭疽病、红蜘蛛、介壳虫、金龟子、卷叶蛾和螨类等，尤其是急性炭疽病，或是其他原因如高温干旱、冻害和药害等，常常造成脐橙树树体大量落叶，枝梢衰弱，树势衰退。如果落叶发生在花芽分化之前，则第二年花少或无花，抽发的春梢多而纤弱，树势差。若在花芽分化之后落叶，则第二年抽生无叶花枝多，大量开花（图 8-8），消耗树体养分多，坐果率极低，使树势削弱。落叶脐橙树的修剪要点如下。

1）枝梢局部落叶时，短截落叶部分（图 8-9）。

2）枝组、侧枝或全树落叶，应重剪落叶枝，重疏

图 8-8　落叶的脐橙树

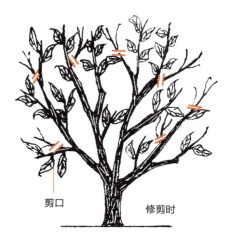

剪口　　　修剪时

修剪后

图 8-9　对局部落叶的脐橙树，短截落叶部分

78

剪和缩剪落叶枝梢（图8-10），以集中养分供给留下枝梢的生长。

3）剪除密集、交叉、直立和位置不当的小枝和枝组（图8-11），并短截枝梢（图8-12），使其更新。

4）尽量保留没有落叶的枝梢，增强光合能力，提高树体营养水平，以利于树势恢复。

5）第二年及时摘除花蕾，疏除全部幼果。

落叶树的修剪，宜在春季芽萌动时进行。若配合勤施、薄施肥料和土壤覆盖，可使修剪的效果更好。

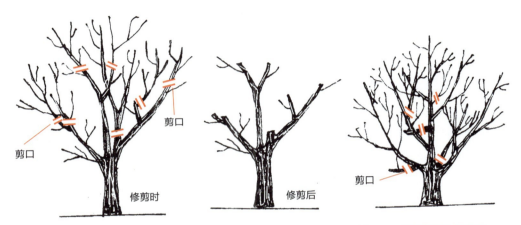

图8-10 对整株落叶树，要重剪落叶枝

图8-11 剪除密集枝、交叉枝、直立枝及部分枝组

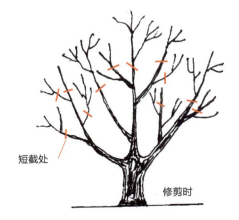

图8-12 短截枝梢

79

三、受冻树的修剪

脐橙树遭受冻害后，地上部分枝干受到不同程度的损伤或枯死，此时根系尚未受冻，处于完好状态，只要采取合理的修剪措施，就能使树体萌发新枝，恢复树冠，减轻冻害。常遭冻害的脐橙产区，为使受冻害的脐橙树减少损失，应按照"小伤摘叶、中伤剪枝、大伤锯干"的原则，进行合理修剪。其修剪要点如下。

1）推迟修剪时期。受冻害的脐橙树在早春气温回升后受冻枝干还会继续向下干枯，同时春梢抽发较未受冻年份晚，所以应在春芽萌发、死活界线分明时修剪，短截干枯枝，并在春梢展叶后再补剪一次。对伤口，尤其是大伤口要削平刮光，加强保护，以促进愈合。但是，对受冻树过早进行修剪也不好，其弊端是：伤口太多，易引起感染，且剪后受冻干枯部分会向下继续扩大，加重伤害。应在萌芽后再剪，此时剪口处有新芽萌发枝梢，能向萌芽下部吸收水分和养分，使枝干内水分和养分在枝干中向上输送，这样可避免从剪口附近再往下枯死。

2）及早摘除受冻死亡的叶片。对轻微受冻的脐橙树，要少疏多留，尽可能保留不剪未受冻的绿枝。脐橙树轻微受冻时会发生卷叶和黄叶，对生长势衰弱的，可立即用0.5%尿素溶液叶面喷施2~3次；早春解冻后，提早施足春肥，以利于恢复树势。对于枝梢完好、叶片受冻枯死的脐橙树，因其叶柄来不及形成离层而仍挂在树上，如不摘除会继续吸收水分而扩大受冻部分，所以应尽早摘叶，防止枝梢枯死。

3）新发枝梢应尽量保留，即使是对过密的枝梢，也应通过绑缚牵引而不是剪除，使其生长方位合理，新梢、新叶发挥光合作用效能，积累养分，以利于树势恢复。

4）及时剪枝，保留绿枝。对枝梢受冻者，应在萌芽抽梢后及时剪枝。对受冻部位生死界限分明的，可及时进行"带青修剪"，可在枯枝下部已萌发新芽处酌情带1~2芽进行修剪；对受冻枝梢生死界限不明显的，可在萌芽抽梢后修剪。对其中下部和内膛未受冻的绿枝，尽可能保留不剪，以利恢复树势。春季修剪以多留枝为宜，"剪枯留绿"，剪去受冻的小枝梢，尽量保留有叶的绿枝，以利于树冠恢复。

5）受冻严重时，进行锯干，注意保护伤口。对于主干和主枝皮层开裂、整个树冠冻死者，可以锯断主干，使其重新萌发枝蘖（图8-13）。如果锯主干后萌蘖较多，则应注意从中选择2~3个生长健壮的枝条作为骨干枝培育，并适当摘心（图8-14），促使其分枝（图8-15），形成新的树冠骨架。对剪去或锯除受害枝的伤口，尤其是大伤口，要削平锯面，及时涂刷接蜡等保护剂，减少水分蒸发和防御病虫害，以保护伤口，促使其尽快愈合，防止腐烂。对于主干和骨干枝要涂白、喷药，以防日灼、树脂病及炭疽病的发生。若用薄膜包扎伤口，则应在萌芽时去除，以使枝芽正常抽生。

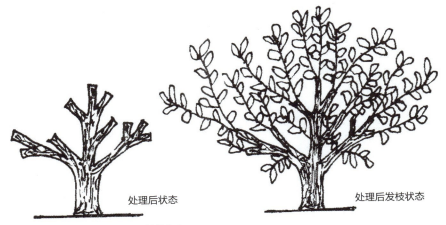

图 8-13　严重受冻脐橙树锯干萌枝状态

图 8-14　摘心处理

图 8-15　摘心处理后抽梢状态

四、移栽树的修剪

　　密植脐橙园间移和成年脐橙园的缺株补植等，都需要移栽大树。一般而言，移栽树的成活率随树龄的增大而下降。为了提高移栽树的成活率，应选择健康无病，生长发育良好的脐橙树作为移栽树。移栽树的修剪要点如下。

　　1）提前做好准备。将确定移栽的脐橙树，以其主干为中心，按半径为 50~60 厘米做一圆圈，再沿圆周挖 1 个宽 50 厘米、深 60 厘米左右的环状沟，将根切断，断口要剪平，并挖去圆周沟中的土，形成土球，用草绳、麻袋等将树体根上的土球包扎好，最后移至移栽地点定植（图 8-16）。

　　2）缩剪地上部。在开环状沟断根的同时，对脐橙树的地上部进行缩剪，通过重剪缩小脐橙树的树冠。重修剪应在严寒过后至早春萌芽前进行，方法是短截，不论是主枝和副主

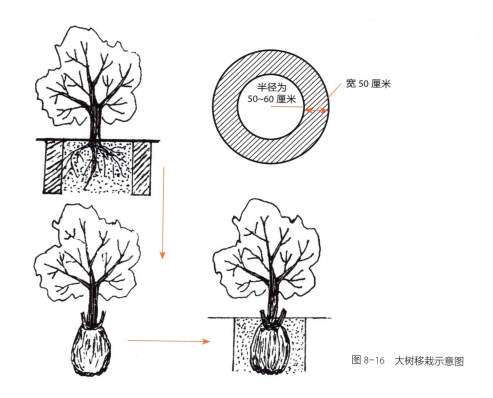

图 8-16　大树移栽示意图

半径为
50~60 厘米

宽 50 厘米

枝，还是侧枝，均不宜从基部删去，而应先剪其先端部分（图 8-17）。短截后，可使枝条抽生大量的新枝叶，从而使脐橙树的树势得以恢复。

3）结合改造不良树形。如原树形不佳的，可结合移栽进行改造。改造时，要选留好的骨干枝，并使其从属分明，长短结合（图 8-18）。

4）保留内膛枝梢，以防枝干日灼。

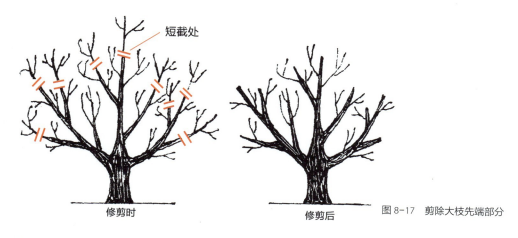

短截处

修剪时

修剪后

图 8-17　剪除大枝先端部分

剪口

修剪时　　　　　　　　　修剪后抽梢状态　　　　图 8-18 改造树形

5）剪去的大枝剪口附近应留有小枝。对于移栽后的脐橙树进行修剪时，不论对主枝、副主枝，还是侧枝，短截后剪口附近应留有小枝（图 8-19）。小枝上有绿叶，能吸收养分和水分，使剪口易于愈合；大枝生长良好，就不会造成大枝衰退甚至向剪口下枯死。

五、衰弱树的修剪

衰弱树，是指多年管理不良，树体未老先衰的树，也称小老树（图 8-20）。改造这类树，只要加强肥水管理和病虫害防治管理，配合修剪，就能转弱为强，优质丰产。其修剪要点如下。

1）实行重肥与保护。对于衰弱的脐橙树应加强肥水管理。要结合深翻改土，增施有机肥，每株施饼肥1~1.5 千克、复合肥 0.5 千克。另外，要施好促梢肥，在春梢、夏梢、秋梢抽生前，每株施复合肥 0.25~0.5 千克。在施肥的基础上，认真防治病虫害，做好树体保护工作。

图 8-19　移栽树大枝剪口处留小枝

2）对衰弱树进行修剪时，以轻剪为宜。通过轻剪，能刺激树体焕发生机，促使全树多抽枝叶，加速树势由弱转强（图 8-21）。

3）以短截为主。在轻剪的基础上，对每个枝条在饱满芽处短截，以促使重新抽发健壮新梢（图 8-22）。

4）对结果母枝短截。对衰弱树，除加强土肥水管

图 8-20　衰弱树

理和病虫害防治外，还要限制其开花结果，促
其多抽梢，营养树体。为此，可剪去结果母枝
先端混合芽（图8-23），使中部叶芽抽梢发叶
（图8-24），以制造养分，使树体早日转强。

5）保护骨干枝。衰弱树枝叶少，再轻剪也
难以遮蔽骨干枝不受日晒，所以应将其骨干枝
用石灰水刷白，以防止日晒及水分蒸发，保护
枝干，恢复树势。

6）保护伤口。伤口要削平，尤其是对大伤
口要涂以接蜡加以保护，使其尽快愈合，防止
感染。

图 8-21 衰弱树的轻剪处理

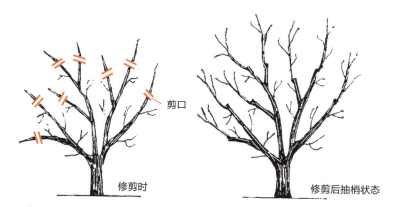

图 8-22 在枝条的饱满芽处短截后促发健壮新梢

图 8-23 短截结果母枝先端混合芽部分　　图 8-24 结果母枝短截后抽梢状态

第九章

生产中脐橙整形修剪存在的主要问题及对策

一、主干过矮

脐橙树的主干起着支撑树冠、输送养分的作用。一般主干高度要求为30~40厘米。向山地果园栽植脐橙树时，若通风透光条件较好，不影响脐橙树体的生长与结果，主干可以适当矮一些。矮干有利于树冠形成、侧枝生长和增加绿叶层，促使脐橙幼树早结丰产；有利于减轻脐橙树遭受的风雪危害；有利于喷药、修剪和采收等管理。但脐橙树主干过矮（图9-1）时，容易造成树体通风不良、病虫害严重（如流胶病、脚腐病等）。

图9-1 主干过矮

对于平地脐橙园，尤其是向水稻田栽植脐橙树时，因树体通风透光条件不如山地的脐橙园，加上果园湿度较大，容易发生病虫害，可考虑将主干适当留高一些。

二、留主枝数过多

脐橙树的主枝构成树冠骨架，为永久性枝。主枝应生长健壮，角度适当，承重能力强。主枝数过多的脐橙树虽然树冠形成较快，早期树体容易达到丰产，但由于主枝数过多，容易造成枝干细弱，营养分散，尤其是在主枝生长不健壮的情况下，往往会使脐橙树骨架不牢固（图9-2）。相反，脐橙树主枝数过少的情况下，每一主枝所承受的重量大，枝干容易断裂。另外，为了保持树冠内有充足的光照，主枝数也不宜过多。尤其是脐橙树进入盛果期后，主枝数过多，往往容易造成树冠郁闭，树体结果少，产量低（图9-3）。根据脐橙树的

图9-2 主枝生长不健壮

图9-3 主枝数过多

生长特性，通常自然圆头形树冠配置 4~5 个主枝，自然开心形树冠配置 3 个主枝。

三、主从不分

生产中，对脐橙树主、侧枝控制不严，会造成侧枝数过多和过大。侧枝生长过旺，会严重影响树冠生长（图 9-4）。有些侧枝的直径超过主枝的 1/3 以上（图 9-5），还有一些竞争枝和辅养枝直径超过侧枝，分不清主次（图 9-6），均会扰乱树形，影响树体光照。

图 9-4　侧枝生长过旺影响树冠生长

图 9-5　侧枝直径超过主枝的 1/3 以上

图 9-6　竞争枝直径超过侧枝

四、旺树重剪

生产中，常有幼树或生长过旺的脐橙树（图 9-7），其营养生长占优势，消耗营养太多，难以形成花芽并结果。对于这类脐橙树，在修剪时应以拉枝、长放为主，加大主枝分枝角度，缓和树势。一旦修剪过重，短截缩剪过多，则营养生长会更旺盛，满树长枝，养分积累不足，难以形成花芽并结果。还可适当加强夏季修剪，注意轻剪，以培养生长势中等偏弱的秋梢为主，经过 2~3 年修剪，可以使脐橙旺树变为中等健壮树。

图 9-7　生长过旺的脐橙树

五、弱树轻剪

生产中，弱树是指枝条年生长量小，树冠外围中长枝少、弱枝多，总枝叶量少、开花多、坐果少、产量低、品质差的脐橙树。当树体生长势过弱（图9-8）时，应在加强肥水管理的基础上，实行重剪，刺激树体萌发旺枝和壮枝，以强枝带头，多留背上及两侧的枝组，促进生长，增强树势；相反，如果修剪量小，缓放枝多，则树体枝芽瘦弱，根系生长不良，营养积累不足，果品质量下降。

图9-8 生长势过弱的脐橙树

六、过度短截

在脐橙夏季修剪中，短截部分强旺枝梢，可培育多而健壮的秋梢结果母枝。但是，如果"逢枝必剪，枝枝必问"，不论枝条长短、疏密及分布，一律实行短截缩剪，就会造成大量萌梢（图9-9）。短截越多，旺枝越多。大量枝梢生长，不易形成花芽，就会影响产量。盲目短截缩剪，会造成枝梢过密、过旺，甚至抽生的枝梢难以成为优良的结果母枝，其结果是扰乱树形，密不透风。

图9-9 过度短截，萌发大量枝梢

七、春梢抽生过多

随着脐橙幼树进入结果期，树冠中下部的春梢会逐渐转化为结果母枝，而脐橙树冠上部的春梢则是抽发新梢的基枝。因此，对树冠中下部的春梢除纤弱的外，应尽量保留结果；对脐橙树冠上部抽生的春梢，可在春芽萌发期，按照"三去一"（图9-10）"五去二"（图9-11）的原则，及时疏除并生芽及直立芽，防止枝梢抽生过多，影响枝梢生长（图9-12）。应尽量多留斜生向外的芽，并摘除脐橙树冠上部花蕾，促发大量健壮春梢营养枝（图9-13），以备夏剪促梢，继续扩大树冠。

图9-10 "三去一"疏除春梢

图9-12 春梢抽生过多，影响枝梢生长

图9-11 "五去二"疏除春梢

图9-13 生长健壮的春梢营养枝

八、夏梢旺长

对挂果多的脐橙树，为了防止因抽发大量夏梢而加重生理落果，缓和生长与结果的矛盾，可在5~7月及时人工抹除夏梢（图9-14）。每3~5天抹1次，抹3~4次，防止夏梢大量萌发，造成枝梢生长与幼果发育争夺养分水分，引起果实脱落。这样做有利于果实生长发育，起到保果的作用。也可在5月底或6月初，于夏梢萌发后3~4天，喷施调节膦500~700毫升/千克，以有效地抑制夏梢抽发。另外，在5月下旬~7月上旬，在夏梢萌发至3~5厘米长时，向脐橙树冠喷施杀梢素（图9-15），可控制夏梢萌发，避免夏梢抽生与幼果发育争夺养分水分而引起的大量落果。

图9-14 抹除夏梢

图9-15 使用杀梢素控制夏梢抽生

九、内膛郁闭枝多

对于成年挂果脐橙树，要注意疏剪树冠内膛郁闭枝。尤其是种植过密的脐橙树，树冠内膛郁闭枝多，严重影响树冠内膛光照。一方面，应疏除部分大枝，清理内膛郁闭枝，尤其是内膛的徒长性枝梢（图9-16）。另一方面，可在7月中下旬，疏除树冠上部和中部郁闭大枝1~2个，实施"开天窗"（图9-17）、"开门"修剪（图9-18），使光照进入树冠内膛，改善树体通风透光条件。培养树冠内膛结果枝组，防止树体早衰，延长盛果期年限。"开天窗"修剪要注意"开天窗"的方向，通常以树冠顶部"正中开窗"或"略向南开窗"较好，防止"向北开窗"（图9-19）。

在树冠比较郁闭时，也可进行"开门修剪"，疏剪树冠内密集部位的1~2个大侧枝，实施"开门修剪"，改善树冠光照条件，培养树冠内膛结果枝组，防止树体早衰，延长盛果期年限（图9-20）。

图9-16 内膛郁闭枝多，影响光照

图9-17 大枝"开天窗"修剪，改善树冠内膛通风透光条件

图9-18 树冠内膛"开门"修剪

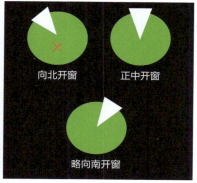

图9-19 "开天窗"修剪时注意方位

"开门"修剪前　　　　　　　　　　"开门"修剪后

图 9-20　　"开门"修剪

十、徒长枝旺长

　　在春夏两季脐橙生长期，要及时剪去树冠内膛抽发的徒长枝，以节省养分，有利于枝梢生长和树冠的形成。徒长枝生长过旺，会消耗大量养分，影响树体通风透光，并扰乱树形，造成树冠郁闭（图 9-21）。

十一、秋梢抽生过弱

　　对于成年脐橙树，生长发育良好的秋梢是第二年优良的结果母枝。通过夏季修剪，短截部分强旺枝梢，可培育多而健壮的秋梢结果母枝。如果修剪过轻，枝梢抽生过多，生长细弱，则成不了结果母枝。通常，对树冠上部生长强旺的春梢营养枝，留 5~7 片叶后短截；对生长细弱的春梢营养枝，留 3~4 片叶后短截；对于强壮的单顶果枝，以果换梢时，可留 4~5 片叶后剪去果实；对于幼果已脱落的强壮果枝，要剪除果梗一端，留 2~3 片叶后短截，促使抽发整齐强壮的秋梢。夏剪后应保持充足的肥水供应，注意病虫害防治，尤其是要防止潜叶蛾危害秋梢（图 9-22），才能保证秋梢抽发整齐和健壮。

图 9-21　徒长枝生长过旺，扰乱树形，造成树冠郁闭

图 9-22　潜叶蛾危害秋梢状态

91

十二、树冠顶部修剪过空

对于成年挂果脐橙树，要注意疏剪树冠内膛郁闭枝，做到树冠上部稀，外围疏，内膛饱满，通风透光。种植过密的脐橙树，树冠内膛郁闭枝多，会严重影响树冠内膛光照，这就要求疏除部分大枝，改善树冠内膛光照条件（图9-23），但要注意防止树冠顶部修剪过重，影响脐橙树冠生长（图9-24）。

图9-23 疏除大枝，改善树冠内膛光照条件　　图9-24 树冠顶部修剪过重

十三、下垂枝梢果实垂地

脐橙树进入初结果期时，其树冠中下部的春梢会逐渐转化为结果母枝，而上部的春梢则是抽发新梢的基枝。因此，对树冠中下部的下垂春梢，除纤弱梢外，应尽量保留。树冠中下部的下垂春梢，是脐橙树早结丰产的优良结果部位，不应将其随意剪去，而要充分利用下垂枝开花结果。结果后，这些枝条衰退，可对其逐年缩剪。修剪时，剪去环绕树冠下离地面30~50厘米高度内的下垂枝，从健壮处剪去先端下垂的衰弱部分，抬高枝梢位置（图9-25），以改善树冠下部通风透光条件，使这些枝梢远离地面，以免因果实重量增加而垂地，并防止其因受地面雨水的影响，使果实感染病菌，影响果品质量（图9-26）。

图9-25 缩剪下垂枝　　　　　　　　　图9-26 下垂枝梢果实垂地，影响果品质量

十四、幼树结果过多、过早

脐橙幼树的树冠弱小，营养积累不足，如果过早开花结果，就会影响枝梢生长，不利于树冠形成（图 9-27）。因此，在脐橙幼树定植后 2~3 年，应摘除其花蕾。第三、第四年后，也只能让脐橙幼树在树冠内部、下部的辅养枝上适量结果（图 9-28），而主枝、副主枝上的花蕾，仍然要摘除，以保证脐橙幼树进一步加强生长，扩大树冠，直至理想的树形和树冠基本形成。

图 9-27　脐橙幼树结果过多，影响枝梢生长和树冠扩大　图 9-28　脐橙幼树适量挂果，不影响枝梢生长和树冠形成

十五、盛果期树出现大量落叶

脐橙树进入盛果期后，由于管理不善，不少病虫会为害叶片，如溃疡病、炭疽病、红蜘蛛、介壳虫、金龟子、卷叶蛾、螨类等，尤其是急性炭疽病，或是高温干旱（图 9-29）、冻害、药害等，常常造成树体大量落叶，枝梢衰弱，树势衰退。若落叶在花芽分化之前，则第二年花少或无花，抽发的春梢多而纤弱，树势差；若在花芽分化之后落叶，则第二年抽生无叶花枝多，大量开花（图 9-30），消耗树体养分多，坐果率极低，使树势衰弱。

图 9-29　高温干旱造成树体落叶

生产中，应对局部枝梢落叶的脐橙树进行短截，去除无叶部分；而对全树落叶的脐橙树，则应重剪落叶枝，采取重疏剪和缩剪落叶枝梢，以集中养分供给留下的枝梢生长。同时，应尽量保留没有落叶的枝梢，增强光合作用能力，提高树体营养水平，有利于树势恢复。第二年及时摘除花蕾，疏除全部幼果。应加强脐橙树病虫害的防治，冬季搞好

脐橙园的清园工作，对剪除的病虫枯枝，应集中堆放（图9-31），干燥后进行烧毁，尽量减少病虫基数。

图9-30　急性炭疽病造成树体落叶、大量开花　图9-31　剪除的病虫枯枝集中堆放

十六、大枝剪口不平且留有残桩

进行衰老更新修剪时，大枝剪口不平且留有残桩（图9-32），容易滋生病虫。注意剪口要平整光滑（图9-33），并涂接蜡保护伤口。

图9-32　大枝剪口不平留有残桩　图9-33　大枝剪口平整光滑

附录　脐橙主要优良品种

一、优良品种的标准

脐橙是商品，脐橙生产是一种商品生产，受生产者、经营者和消费者欢迎的脐橙品种，就可称为优良的脐橙品种。优良的脐橙品种，必须具备以下 4 个方面的优点。

1. 商品性好

商品性主要指果实的外观品质，是指对脐橙形状、大小和色泽等外观品质的综合评价。优良脐橙品种的果实，必须具备该品种固有的形状，果形端正，大小均匀，整齐度高，果面光滑，色泽艳丽，外观漂亮。

2. 食用性好

食用性主要是指果实的食用品质，是对风味、香味、肉质、杂味、种子和食用部分等内在品质的综合性评价。优良脐橙品种的果实必须果肉风味浓郁，酸甜适口或甜酸适口，有香气，无杂味，果汁丰富，高糖低酸，肉质细嫩或脆嫩、化渣，无核或少核，可食率高。

3. 营养性好

营养性主要是指脐橙除糖、酸之外的维生素 C、无机盐的含量。优良脐橙品种的果实中各种营养成分含量高。脐橙的营养性主要以果汁中维生素 C 的含量来衡量，日本 1986 年制定的标准是 50~60 毫克 /100 毫升。

4. 生产性能好

生产性能主要指脐橙的丰产性、稳产性和抗逆性。优良的脐橙品种应该适应性强，易栽易管，早果性强，丰产稳产，抗病虫害，耐瘠薄干旱。

二、主要优良品种

脐橙优良品种包括早、中、晚熟品种 3 类。

1. 早熟品种

（1）纽荷尔脐橙　纽荷尔脐橙由华盛顿脐橙芽变产生，1978 年引入我国，由于其外观美、成熟期早、品质优良，成为我国脐橙主栽品种之一，在我国生产脐橙的省、直辖市、自治区均有较大面积栽培。

该品种树势较旺，树姿开张，树冠呈扁圆形或圆头形。发枝力强，枝梢短密，有小刺。叶片呈长卵圆形，叶色深。果实呈椭圆形或长椭圆形，果形指数为1.1。果实较大，单果重200~250克。果面光滑，果色为橙红色。多数果顶脐凸出，脐孔小，闭脐多。果肉细嫩而脆、化渣、多汁、无核，风味浓甜，富有香气。可食率为73%~75%，果汁率为48%~49%，可溶性固形物含量为12%~13.5%，每100毫升果汁中含糖8.5~10.5克、酸1.0~1.1克、维生素C 53.3毫克。果实在11月上中旬成熟，品质上乘，耐贮性好，贮后色泽更橙红。

纽荷尔脐橙用枳作为砧木，其果实品质优良，丰产稳产，且抗日灼、脐黄和裂果，是我国推广的重要脐橙品种。

（2）清家脐橙　清家脐橙是华盛顿脐橙的早熟芽变，于1958年选自日本爱媛县北宇和郡吉田町东连寺的清家太郎脐橙园，1975年进行了品种登录并繁殖推广。1978年引入我国，目前在重庆和四川等省、直辖市栽培较多，湖北、湖南、江西、福建、广西、云南和贵州等省、自治区也有栽培。

该品种树势中等，树冠呈圆头形。发枝力强，丛生枝多，枝梢节间密，多年生枝节部呈瘤状，叶片小。果实大，平均单果重200克左右，果实呈圆球形或椭圆形，果梗部稍凹，果顶稍圆，脐部平，脐孔中等大小。果皮呈橙红色，果肉脆嫩、化渣、多汁，极富香气，品质上乘，风味与华盛顿脐橙相似。可食率为78%，果汁率为55.4%，可溶性固形物含量为11%~12.5%，每100毫升果汁中含糖8.5~9克、酸0.7~0.9克、维生素C 43.5毫克。果实在11月上中旬成熟。

清家脐橙用枳作为砧木，早结丰产，适应性广，品质佳，是目前我国脐橙产业发展的重要推广品种。

（3）福本脐橙　福本脐橙原产于日本和歌山县，为华盛顿脐橙的枝变。它以果面色泽深红而著称，也称为福本红脐橙。1981年引入我国，目前有少量栽培。

该品种树势中等，树姿较开张。树冠中等大，呈圆头形。枝条较粗壮且稀疏，叶片呈长椭圆形，较大而肥厚。果实较大，单果重200~250克。果实呈椭圆形或球形，果顶部浑圆，多闭脐，果梗部周围有明显的短放射状沟纹。果面光滑，果色为橙红色，果肉脆嫩、无核、多汁，风味酸甜适口，富有香气，品质优良。果实在11月上中旬成熟。

福本脐橙用枳作为砧木，性状表现良好，尤其是在光照充足、昼夜温差大、较干燥的地区栽培，品质优良，产量中等，树冠较小，栽植时可适应密植。由于其果实酸含量较低，故不耐贮藏，最适上市季节为11月~第二年2月。

（4）朋娜脐橙　朋娜脐橙又名斯开格斯朋娜脐橙，是从华盛顿脐橙中选出的突变体。1978年引入我国，在四川、重庆、湖北、湖南、江西、浙江、广西、贵州、云南和福建等省、直辖市、自治区有栽培。

该品种树势中等，树冠较紧凑。发枝力强，枝条较短而密，属短枝类型，枝上有小刺，多年生枝上有瘤状突起。叶片小，呈卵圆形。果实较大，单果重 220~280 克。果实呈圆球形。果形指数为 0.95，果顶脐较大，且明显，开脐较多。果皮呈橙黄色，果面光滑。果肉脆嫩、较致密、多汁、化渣、无核、甜酸适口，有香气，品质优良。可食率为 80%，果汁率为 48%~50%，可溶性固形物含量为 11%~14%，每 100 毫升果汁中含糖 8.5~11 克、酸 0.92 克、维生素 C 52~66 毫克。果实在 11 月上中旬成熟。

朋娜脐橙用枳作砧木，早果性能好，主、副芽可以同时分化为花芽。结果呈球状，一般 3~5 个果实形成 1 个球，多者可达 7~9 个，丰产稳产。树冠较小，适于密植，但脐黄和裂果较明显，落果严重，栽培上应引起重视。

（5）**大三岛脐橙**　大三岛脐橙原产于日本爱媛县，1952 年选自华盛顿脐橙的早熟芽变，1968 年推广。1978 年引入我国，在四川、重庆、广西、浙江、福建等地有少量栽培，表现优质丰产。

该品种树势中等，树冠呈圆头形或半圆形，枝条短，叶片小而密生。果实较大，单果重 200~250 克，多闭脐，果皮呈橙红色，较薄，果面近果顶部光滑，果形为圆球形或短椭圆形，果肉脆嫩，品质上乘。可食率达 80%，果汁率为 54%，可溶性固形物含量为 11%~12%，每 100 毫升果汁中含糖 9.2 克、酸 0.6~0.7 克、维生素 C 44.4 毫克。果实在 11 月上中旬成熟。

大三岛脐橙优质、丰产，但果皮较薄，易裂果，栽培上应加以重视。

2.　中熟品种

（1）**纳维林娜脐橙**　纳维林娜脐橙又叫林娜脐橙，原名纳佛林娜脐橙，是华盛顿脐橙的早熟芽变，为西班牙的脐橙主栽品种。1979 年引入我国，目前在四川、重庆、湖北、福建、湖南、江西和浙江等省、直辖市已有一定面积的栽培。

该品种树势中等，树姿稍开张，树冠呈扁圆形。枝梢粗壮，发枝力强，密生，有小刺。叶片呈长卵圆形，叶色深绿。果实较大，单果重 200~230 克。果实呈椭圆形或长倒卵形，果顶部圆钝，基部较窄，常有短小沟纹。果面光滑，果色为橙红或深橙色，果皮较薄。果脐中等，开脐较多。果肉脆嫩、化渣、多汁、无核，风味浓甜，富有香气。可食率为 79%~80%，果汁率为 51%，可溶性固形物含量为 11%~13.5%，每 100 毫升果汁中含糖 8~9 克、酸 0.6~0.7 克、维生素 C 48 毫克。果实在 11 月中下旬成熟，较耐贮藏。

纳维林娜脐橙不带裂皮病，优质丰产，是目前我国推广的脐橙品种之一。

（2）**奉节 72-1 脐橙**　奉节 72-1 脐橙也叫奉园 72-1 脐橙，1972 年选自重庆市奉节县园艺场，其母树是 1958 年引自江津园艺试验站的一株甜橙砧的华盛顿脐橙。

该品种树势强健，树冠呈半圆形，稍矮而开张。果实呈椭圆形或圆球形，单果重

160~200 克，脐中等大。果色为橙色或橙红色，果皮较薄，光滑。果肉脆嫩、无核、化渣，味甜，有香气，可食率为 78%，果汁率为 55%，可溶性固形物含量为 11%~14.5%，每 100 毫升果汁中含糖 9~11 克、酸 0.7~1 克、维生素 C 54 毫克。果实在 11 月中下旬成熟。

奉节 72-1 脐橙以枳作为砧木，适应性强，结果早，优质丰产，是我国脐橙产业发展中重要推广良种。

（3）**福罗斯特脐橙**　福罗斯特脐橙为华盛顿脐橙的珠心胚系，1916 年由福罗斯特教授选出，1952 年推广，在美国栽培普遍。1978 年引入我国，目前在重庆、四川、湖北和江西等省、直辖市有少量栽培。

该品种树势强，较直立，树冠呈半圆形或圆头形，枝有刺。果实呈扁圆球形或圆球形，中等大小，单果重 150~200 克。脐中等大，开脐较多。果皮为橙红色，果皮较薄，果肉细软、化渣。可食率为 73%，果汁率为 49%，可溶性固形物含量为 11%~13%，每 100 毫升果汁中含糖 9~9.5 克、酸 0.7~1 克、维生素 C 58 毫克。果实在 11 月中旬成熟。

福罗斯特脐橙优质丰产，不带裂皮病，是很有推广价值的脐橙品种之一。

（4）**红肉脐橙**　红肉脐橙又叫卡拉卡拉脐橙，是秘鲁选育出的华盛顿脐橙芽变优系，于 20 世纪 80 年代中期在委内瑞拉发现。1990 年，华中农业大学从美国佛罗里达州引入该品种，现已在我国部分地区试种。

该品种树势强健，树冠呈圆头形，紧凑。叶片偶尔有细微斑叶现象，新梢具少量浅刺，柔软，枝条披垂，小枝梢的形成层常呈浅红色。果实呈圆球形或卵圆形，中等大小，单果重 190~220 克，最大单果重可达 300 克，闭脐，有 11~12 瓣囊瓣。可食率为 73.3%，果汁率为 44.8%，可溶性固形物含量为 11.9%，每 100 毫升果汁中含糖 9.07 克、酸 1.07 克、维生素 C 45.84 毫克。果皮为橙红色，果肉为粉红色至红色，为番茄红素着色，肉质致密脆嫩、多汁，风味甜酸爽口，有特殊的香味；可作为高档脐橙及礼品果，十分适合用作水果色拉或拼盘。果实成熟期为 11 月底~12 月初。

该品种适宜在昼夜温差大的脐橙产区栽植，应注意保花保果，提高产量。

（5）**华盛顿脐橙**　华盛顿脐橙又名美国橙、抱子橘、花旗蜜橘，简称华脐。1938 年，从美国引入我国。1965 年，我国又从摩洛哥引入该品种的嫁接苗。

该品种树势强健，树姿开张，树冠呈半圆形或圆头形。大枝粗长而披垂，新梢短小而密，无刺或短刺。叶大，呈广椭圆形；翼叶明显，中等大小，呈倒披针形。果实大，单果重 200 克以上。果实呈椭圆形或圆球形，基部较窄，先端膨大；有脐，较小，张开或闭合；果色为深橙色或橙红色，果面光滑，果点较粗，油胞平生或微凸，果皮厚薄不均，果顶部薄，近果蒂部厚；较易剥皮分瓣；囊瓣呈肾形，10~12 瓣，中心柱大，不规则，半充实或充实。果肉脆嫩、多汁、化渣、无核，甜酸适口，富芳香味，品质上乘，极宜鲜食。可食率为 80%

左右，果汁率为47%~49%，可溶性固形物含量为10.5%~14%，每100毫升果汁中含糖8.5~11克、酸0.9~1克、维生素C 53~65毫克。果实在11月下旬~12月上旬成熟。

华盛顿脐橙性喜冬暖夏凉、少雨、日照长的夏季干燥区气候，不适宜夏季高温多湿、冬季寒冷干燥的气候。尤其是它在花期和幼果期对高温干旱更敏感，易引起严重的落花落果。

在我国脐橙产区，华盛顿脐橙多数以枳作为砧木，能早结果，早丰产。有的产区为了抗裂皮病，也有以红橘作为砧木的。

3. 晚熟品种

（1）**晚脐橙**　晚脐橙原名纳佛来特，原产于西班牙，是华盛顿脐橙的枝变。于1948年选出，1957年推广。1980年，从西班牙引入我国，目前在重庆、四川、湖北、江西和湖南等省、直辖市有栽培。

该品种树势强，树冠呈半圆形或圆头形，果实呈椭圆形或圆球形，单果重180~210克。果面较光滑，果皮呈橙色，脐小，多闭脐。果肉较软、味浓甜、多汁，果汁率为53.8%，可溶性固形物含量为10%~12%，每100毫升果汁中含糖8~9克、酸0.68克。果实于12月底~第二年1月成熟。

晚脐橙多用枳作为砧木，结果早，产量中等，晚熟，可作为脐橙的晚熟品种搭配发展。

（2）**晚棱脐橙**　1950年，晚棱脐橙由澳大利亚L.Lane地区从华盛顿脐橙芽变中选育而成。

该品种树势强健，树冠呈圆头形。果实近圆球形，单果重170克。果皮呈浅橙色，皮薄，光滑，果顶部脐小，多为闭脐。果肉致密脆嫩、汁较少、无核，风味浓甜，品质上等。果汁率为42.3%，可溶性固形物含量为12%，每100毫升果汁中含糖9.52克，酸1.31克、维生素C 53.37毫克。成熟期为12月下旬。大小不均，整齐度较差。果实耐贮，可挂树贮藏3个月，但挂树贮藏后期果肉不太化渣。

（3）**石棉脐橙**　1971年，石棉脐橙由四川省石棉县从实生甜橙优变株系中选育而成。

该品种树势强，树冠呈圆头形，果实呈椭圆形或圆球形，单果重170克。果皮呈橙红色，皮较薄，果顶部脐较小。果肉细嫩、化渣、无核、风味浓，品质中上等。汁液极多，果汁率为60.5%，可溶性固形物含量为12.4%，每100毫升果汁中含糖8.84克、酸1.05克。果实成熟期为12月下旬，耐贮藏，丰产性能好。

参考文献

[1] 李学柱. 柑桔的整形修剪 [M]. 重庆：重庆出版社，1990.

[2] 刘权. 南方果树整形修剪大全 [M]. 北京：中国农业出版社，2000.

[3] 沈兆敏，柴寿昌. 中国现代柑橘技术 [M]. 北京：金盾出版社，2008.

[4] 伊华林. 现代柑橘生产实用技术 [M]. 北京：中国农业科学技术出版社，2012.

[5] 陈杰. 林果生产技术（南方本）[M]. 2版. 北京：高等教育出版社，2015.

[6] 陈杰. 脐橙优质丰产栽培 [M]. 北京：中国科学技术出版社，2017.